Nouveau traité de Trigonométrie rectiligne

par
G. Bovier-Lapierre
professeur de mathématiques
au lycée impérial de Tournon.

Lith. J. Parnin, Tournon
1863

Ce traité se compose de deux parties.
La 1re renferme la résolution des triangles précédée seulement de la définition des lignes trigonométriques. C'est la trigonométrie réduite à sa plus simple expression, et mise à la portée de ceux qui n'ont que des notions élémentaires de géométrie et de calcul algébrique.
La 2e contient les formules, les discussions et tout ce qui fait partie du cours de mathématiques élémentaires.

Première partie

Chapitre I.

Explications préliminaires.

Fig. 1

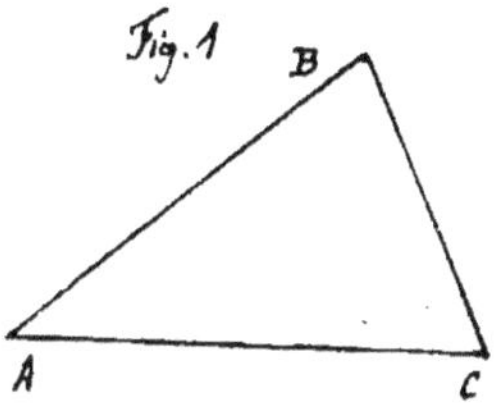

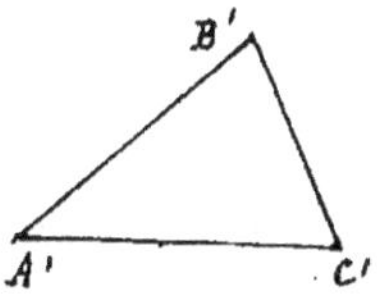

1. Soit un champ triangulaire ABC (Fig. 1). Supposons qu'on ait besoin de connaître les distances AB et BC sans les mesurer sur le terrain. Pour y parvenir on chaîne le côté AC et on mesure avec le graphomètre les angles A et C. On tire ensuite sur le papier une droite A'C' qui contienne par exemple autant de millimètres que AC contient de mètres. En A' on construit sur A'C' un angle égal à l'angle A, et en C' un angle égal à C. Le triangle A'B'C' ainsi obtenu est semblable à celui du terrain, il en est le plan. On cherche ensuite combien il y a de millimètres dans A'B' et dans B'C'; ces deux nombres de millimètres exprimeront combien il y a de mètres dans AB et BC. Quant à l'angle B' on le mesure avec le rapporteur : il doit être égal à l'excès de 180 degrés sur la somme des angles A et C.

En général étant donnés trois des six éléments d'un triangle, on peut par une construction facile connaître les trois autres, pourvu toutefois que parmi les trois qui sont donnés il y ait au moins un côté. Mais ce moyen ne peut fournir des résultats d'une grande précision, parce que les instruments sont plus ou moins défectueux, parce que l'étendue du papier varie avec l'humidité de l'air, et surtout parce qu'on est forcé de négliger des longueurs peu étendues du terrain, puisqu'elles devraient être représentées sur le papier par des lignes extrêmement petites, une fraction de millimètres par exemple. On a donc cherché à obtenir par le calcul les trois éléments d'un triangle dont les trois autres sont connus : c'est ce qu'on appelle résoudre un triangle. Cette partie des mathématiques qui apprend à résoudre un triangle porte le nom de Trigonométrie.

2. Mesure des angles. — Un angle est mesuré par l'arc intercepté entre ses côtés et décrit de son sommet pris pour centre avec un rayon quelconque.

Cet arc est ordinairement évalué en degrés, minutes et secondes. Le degré est la 360e partie de la circonférence et par conséquent le 90e du quart de la circonférence, la minute est la 60e partie du degré, et la seconde la 60e partie de la minute. Quand on dit qu'un angle vaut 35 degrés, c'est une manière abrégée de dire qu'il vaut 35 fois la 90e partie de l'angle droit. Le degré est indiqué par le signe °, la minute par ', et la seconde par ''. Exemple 35° 12' 27''.

On peut aussi évaluer l'arc en calculant sa longueur, mais cette longueur est d'autant plus grande pour un même angle que le rayon de l'arc est lui-même plus grand. Ainsi les deux arcs MN et PQ (Fig. 2) mesurent tous deux le même angle O, quoique leurs longueurs soient différentes. Cependant si au lieu d'exprimer cette longueur en mètres ou fractions de mètre, on cherche quelle est la longueur de l'arc par rapport à son rayon, le nombre qui représente la longueur de MN sera le même que pour PQ.

Fig 2.

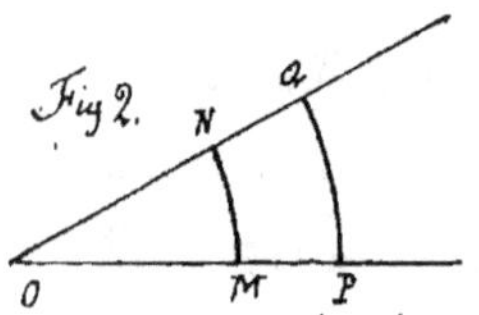

En effet d'après la géométrie, si deux arcs contiennent le même nombre de degrés, leurs longueurs sont proportionnelles à leurs rayons, ce qui donne $\frac{MN}{PQ} = \frac{OM}{OP}$ ou en changeant les moyens de place $\frac{MN}{OM} = \frac{PQ}{OP}$. Cette dernière égalité montre que le rapport entre la longueur d'un arc et celle de son rayon est constant pour un même angle.

D'après cela on voit que l'angle est aussi clairement déterminé quand on donne le rapport entre son arc et son rayon que lorsque l'arc est donné en degrés. Si par exemple on dit que l'arc d'un angle égale 1,6 cela signifie que l'arc décrit entre ses côtés et de son sommet pris pour centre avec un rayon quelconque contient 16 fois la 10e partie de son rayon. C'est pour cela que dans la trigonométrie on prend indifféremment l'arc pour l'angle et réciproquement.

Quand on exprime la longueur d'un arc par rapport à son rayon, on ne fait autre chose que de prendre le rayon pour unité de longueur. Dans ce cas la longueur de la demi-circonférence est $\pi = 3,14159\ldots$, et celle du quart de la circonférence est $\frac{\pi}{2} = 1,570\ldots$

3. — Si un angle d'un triangle augmente, les deux côtés de l'angle ne changeant pas de longueur, le côté opposé augmente aussi, mais non dans le même rapport. Or pour résoudre le problème qui est l'objet de la trigonométrie, il était nécessaire de déterminer la variation qu'éprouve le côté lorsque l'angle opposé varie lui-même. On y est parvenu au moyen de lignes droites qui dépendent de l'angle et qu'on nomme *Lignes trigonométriques*. Ces lignes sont: le *sinus*, la *tangente*, et la *sécante*.

Remarque. — Comme dans cette première partie nous ne nous proposons que d'arriver le plus directement possible à la résolution des triangles, nous ne considérerons les angles que de 0° à 180°. De plus nous prendrons toujours le point A. pour origine des arcs (Fig. 3), en les faisant grandir dans la direction de A vers B jusqu'à A'.

Lignes trigonométriques.

4 Soit l'arc AM et les deux diamètres rectangulaires A'A, B'B. Abaissons MP perpendiculaire sur OA, menons en A une tangente, et du point O par le point M la droite OT. La perpendiculaire MP est le *sinus* de l'angle AOM ou de l'arc AM; la droite AT en est la *tangente*, et la droite OT en est la *sécante*.

Fig 3.

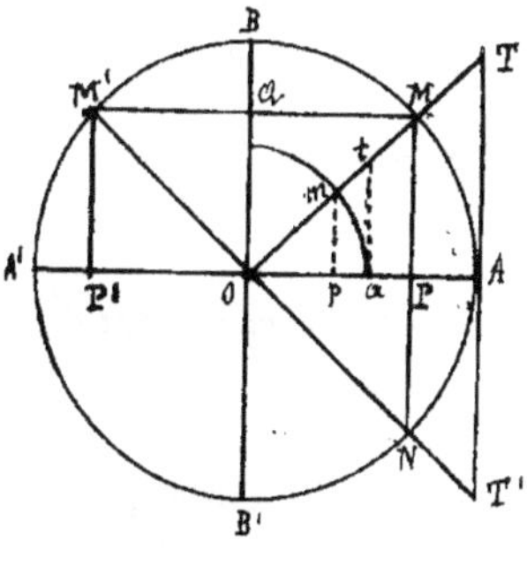

Si l'on mesure ces lignes avec l'unité ordinaire de longueur, le mètre ou fraction de mètre, un même angle AOM aura une infinité de sinus de grandeur différente, tels que MP, mp ; une infinité de tangentes telles que AT, at ; et de sécantes telles que OT et Ot. Par conséquent pour qu'un angle fût déterminé quand une de ses lignes trigonométriques est donnée en mètres, il faudrait donner en même temps la longueur du rayon.

Mais si l'on remarque que les triangles rectangles OMP, Omp sont semblables, on voit que le rapport entre chaque ligne trigonométrique et le rayon de l'arc correspondant est constant pour un même angle. Par exemple le rapport entre MP et OM est le même que le rapport entre mp et om. Donc si l'on prend ce rapport numérique pour la longueur de la ligne trigonométrique, c.à.d. si l'on prend le rayon pour unité de longueur, le nombre qui exprimera la longueur du sinus d'un angle sera le même, quel que soit le rayon. La même chose aura lieu pour la tangente et la sécante. Par exemple si MP est les 0,6 du rayon OA, mp sera aussi les 0,6 du rayon Om, et par conséquent le sinus de de l'arc AM sera 0,6.

D'après cela nous dirons en prenant le rayon pour unité de longueur :

Le sinus d'un angle ou d'un arc est le nombre abstrait qui mesure la perpendiculaire abaissée d'une extrémité de l'arc sur le rayon qui aboutit à l'autre extrémité.

La tangente d'un angle ou d'un arc est le nombre abstrait qui mesure la tangente menée par l'origine de l'arc depuis ce point jusqu'à la rencontre de la droite menée par le centre et par la 2e extrémité de l'arc.

La sécante d'un angle ou d'un arc est le nombre abstrait qui mesure la droite menée du centre par la 2e extrémité de l'arc jusqu'à la rencontre de la tangente menée par l'origine de l'arc.

Ainsi quand nous désignerons une ligne trigonométrique par les deux lettres de la figure, on se rappellera que cette désignation exprime le nombre abstrait qui fait connaître la longueur de cette ligne par rapport au rayon.

5.— Si l'on prolonge MP jusqu'en N, on voit que MP est la moitié de la corde MN, et que l'arc AM est la moitié de l'arc MN. Donc le sinus d'un arc est la moitié de la corde qui soutend un arc double.

C'est de cette propriété que dérive le nom de Sinus. En effet dans les traités de géométrie écrits en latin, une corde est désignée par le mot inscripta (recta), droite inscrite. La perpendiculaire MP n'en étant que la moitié était donc nommée semi-inscripta (demi-corde), et par abréviation s. ins. De là on a dit Sinus par abréviation.

6.— Variations du sinus. Si l'on considère à partir du point A un arc infiniment petit, son sinus est nul. A mesure que l'arc augmente, le sinus augmente aussi, et quand l'arc égale 90° le sinus n'est autre chose que le rayon. Donc $\sin 0° = 0$ et $\sin 90° = 1$.

Soit maintenant un arc ABM' > 90°. Son sinus est M'P' perpendiculaire sur A'A. Or à mesure que l'arc augmente au-delà de B, le sinus diminue, et quand l'arc égale 180°, le sinus se réduit à 0. Ainsi de 90° à 180° le sinus repasse par les valeurs qu'il avait prises de 90° à 0°. La valeur maximum du sinus de l'angle d'un triangle est donc 1, ce qui arrive quand l'angle est droit.

7.— Si l'on suppose la corde M'M parallèle à A'A, le sinus de l'arc AM est égal à celui de l'arc ABM', et ces deux arcs sont supplémentaires. Donc quand deux arcs sont supplémentaires, leurs sinus sont égaux.

En désignant par a un arc < 90° on aura donc

$$\sin(180° - a) = \sin a.$$

8— Il y a deux angles dont il est facile de connaître le sinus. Ce sont les angles de 30° et de 45°.

En effet le sinus de 30° égale la moitié de la corde qui soutend l'arc de 60°, et par conséquent la moitié du rayon.
On a donc $\sin 30° = \frac{1}{2}$.

Si l'arc AM a 45°, le triangle rectangle AOM est isoscèle et on a $\overline{MP}^2 + \overline{OP}^2 = \overline{OM}^2$ ou $2\overline{MP}^2 = 1$; d'où $MP = \sqrt{\frac{1}{2}} = \frac{1}{2}\sqrt{2}$
on a donc $\sin 45° = \frac{1}{2}\sqrt{2}$.

9. *Variations de la tangente.* – Pour un arc infiniment petit en A, la tangente est nulle, et elle augmente à mesure que l'arc augmente ; car le point de rencontre T de la tangente et de la droite menée par les points O et M s'éloigne de plus en plus. Quand l'arc égale 90°, ce point de rencontre est infiniment éloigné et ces deux droites sont parallèles. La tangente de 90° est donc infinie. Si l'arc AM a 45°, la tangente AT est égale au rayon.
On a donc : $\tan 0° = 0$; $\tan 45° = 1$; $\tan 90° = \infty$.

Soit maintenant un arc ABM' $> 90°$. La droite menée par le centre O et par la 2e extrémité de l'arc ne rencontre la tangente menée par A qu'au-dessous du diamètre A'A. La tangente de l'arc ABM' est donc AT' ; mais cette tangente a une position directement contraire à celle qu'elle avait lorsque l'arc était moindre que 90°. Pour indiquer cette position au-dessous de A on met le signe – devant le nombre qui exprime la longueur de AT' ; alors la tangente AT doit être regardée comme ayant le signe +. Ainsi la tangente d'un arc $< 90°$ est positive, c.à d. qu'elle est située au-dessus du diamètre mené à l'origine de l'arc, et la tangente d'un arc $> 90°$ est négative, c.à d. qu'elle est au-dessous de ce diamètre.

A mesure que l'arc augmente au-delà de 90°, l'extrémité M' se rapproche de A', et en même temps le point T' se rapproche de A. Quand M' est en A', le point T' est en A. Ainsi de 90° à 180° la valeur absolue de la tangente va de l'infini à zéro, et elle a toujours le signe –. Observons que la tangente de 90° est $+\infty$

quand on arrive à 90° en partant d'un arc plus petit, et qu'elle est $-\infty$ quand on arrive à 90° en partant d'un arc plus grand.

10. — Si la corde M'M est parallèle à A'A, l'arc AM est le supplément de l'arc ABM', et AT' égale AT à cause de l'égalité des triangles rectangles AOT, AOT'. Donc *quand deux arcs sont supplémentaires, leurs tangentes sont égales et de signes contraires*. On a ainsi : $\text{Tang}\,(180°-a) = -\text{Tang}\,a$.

11. *Variations de la sécante*. — Pour un arc infiniment petit à partir de A la sécante est égale au rayon. A mesure que l'arc grandit, la sécante grandit aussi, et quand l'arc égale 90°, la sécante est infinie comme la tangente. Si l'arc AM égale 45° les deux côtés de l'angle droit du triangle rectangle AOT sont égaux au rayon, et $\overline{OT}^2 = 2\overline{AO}^2$

On a donc : $\text{Séc.}\,0° = 1$; $\text{Séc.}\,45° = \sqrt{2}$; $\text{Séc.}\,90° = \infty$.

Soit maintenant un arc ABM' > 90°. La sécante OT' partant du point O devrait passer par M' d'après la définition de la sécante. Or pour rencontrer la tangente elle prend ici une position directement contraire à celle qu'elle aurait dû avoir. Pour indiquer que la sécante a cette position on met le signe — devant le nombre qui exprime la longueur de OT'. Alors la sécante d'un arc < 90° doit être regardée comme ayant le signe +. Ainsi le signe + mis devant une sécante indique qu'elle passe par la 2e extrémité de l'arc ; le signe — indique qu'au lieu de passer par la 2e extrémité de l'arc elle se dirige en sens inverse et correspond à un arc > 90°.

A mesure que l'arc augmente au-delà de 90°, la sécante abstraction faite de son signe va en diminuant, et quand l'arc égale 180°, la sécante est le rayon OA ; donc $\text{Séc.}\,180° = -1$.

La sécante de 90° est tout à la fois égale à $+\infty$ et à $-\infty$ comme la tangente.

12. — Si la corde M'M est parallèle à A'A, les deux arcs

AM et AM' sont supplémentaires et OT égale OT'. Donc quand deux arcs sont supplémentaires, leurs sécantes sont égales et de signes contraires. On a donc Séc $(180° - a) = -$ Séc a.

13. – Outre les trois lignes trigonométriques dont nous venons de parler, un arc en a encore trois autres : le Cosinus, la Cotangente et la Cosécante.

Le Cosinus, la Cotangente et la Cosécante d'un arc ne sont autre chose que le Sinus, la Tangente et la Sécante du complément de cet arc. C'est ce qu'on exprime de la manière suivante :

Cos a = Sin $(90° - a)$; Cotg a = Tang $(90° - a)$; Coséc. a = Séc $(90° - a)$.

Si l'arc a est $> 90°$, son complément est l'arc qu'il faut retrancher pour le ramener à 90°.

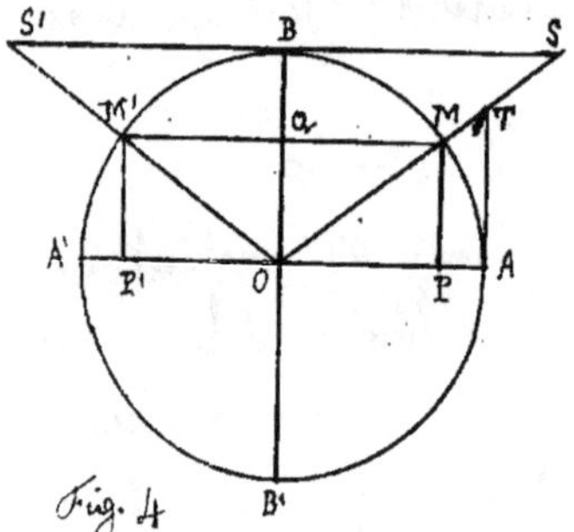

Fig. 4

Soit l'arc AM dont le complément est BM, le point B est l'origine de l'arc complémentaire (Fig. 4). Abaissons Ma perpendiculaire sur OB ; le sinus de l'arc BM est Ma ; sa tangente est BS, et sa sécante est OS. Donc le Cosinus de l'arc AM est Ma ; sa cotangente est BS et sa cosécante est OS.

La droite Ma étant égale à OP, le Cosinus d'un arc est égal à la distance du centre au pied du Sinus.

14. Variations de ces trois lignes. – Si l'on considère un arc infiniment petit à partir de A, le cosinus est égal au rayon OA ; la Cotangente qui part du point B et la Cosécante qui part de O en passant par A sont parallèles ; donc Cos 0° = 1 ; Cotg 0° = ∞ ; Coséc. 0° = ∞.

A mesure que l'arc augmente, le Cosinus, la Cotangente et la Cosécante diminuent. A 45° le Cosinus est égal au Sinus ; la Cotangente à la tangente, et la Cosécante à la Sécante. A 90° le Cosinus est nul ainsi que la Cotangente ; la Cosécante est le rayon OB.

donc Cos 45° = $\frac{1}{2}\sqrt{2}$; Cotg 45° = 1 ; Coséc 45° = $\sqrt{2}$

$\cos 90° = 0$; $\cot 90° = 0$; $\operatorname{cosec} 90° = 1$.

Soit maintenant l'arc ABM' > 90°. Son complément est BM' pris soustractivement, le point B étant toujours l'origine des arcs complémentaires. Le Cosinus de ABM' est M'a ou son égal OP'. Mais comme ce cosinus est à gauche de O dans la direction OA', tandis que pour un arc < 90°, il était à droite, on indique cette opposition de direction en mettant le signe — devant le nombre qui exprime la longueur de OP' par rapport au rayon: le cosinus OP est alors regardé comme ayant le signe +. Ainsi le cosinus d'un arc < 90° est positif c.à d. placé à droite du centre de la circonférence, et le cosinus d'un arc > 90° est négatif, c.à d. placé à gauche de ce centre.

La Cotangente de ABM' est BS'. Comme cette ligne est à gauche de B, tandis que pour l'arc AM elle est à droite, on donnera encore le signe — à BS' et par conséquent le signe + à BS.

La Cosécante de ABM' est OS'. Comme cette cosécante passe par la 2e extrémité de l'arc, elle a la position qu'elle doit occuper d'après la définition: on la regardera donc comme ayant le signe +.

15. — Les arcs AM et ABM' étant supplémentaires, on voit que OP' = OP, que BS' = BS et que OS' = OS. Donc quand deux arcs sont supplémentaires, leurs cosinus sont égaux et de signes contraires; leurs cotangentes sont égales et de signes contraires; leurs cosécantes sont égales et ont toutes deux le signe +.

Donc $\cos(180° - a) = -\cos a$; $\cot(180° - a) = -\cot a$; $\operatorname{cosec}(180° - a) = \operatorname{cosec} a$.

16. — Une ligne trigonométrique d'un arc étant donnée, il est facile de construire cet angle.

1° Supposons que le sinus d'un angle inconnu soit égal à 0,7, ce qu'on exprime ainsi : $\sin x = 0{,}7$ x étant l'arc inconnu.

On décrit une circonférence avec un rayon quelconque (Fig. 4) ; on mène les deux diamètres rectangulaires A'A, B'B. On prend sur OB à partir de O une longueur Oa égale à 7 fois la 10e partie du rayon ; par a on mène M'M parallèle à A'A ; on tire les rayons OM et OM', et on a ainsi les deux angles AOM, AOM' qui correspondent au sinus donné.

2° Soit $\text{Cotg.}\, x = -1{,}2$. Après avoir mené une tangente en B, on prend à gauche de B à cause du signe − une longueur BS' égale à 12 fois la 10e partie du rayon, et on tire OS'. On a ainsi AOS' pour l'angle demandé.

Formules fondamentales.

17. 1° Quel que soit un arc (Fig. 3) le sinus et le cosinus forment toujours avec le rayon un triangle rectangle, par exemple OMP. On a donc en désignant l'arc par a : $\sin^2 a + \cos^2 a = 1$.

2° En considérant les triangles rectangles semblables AOT, MOP on a

$$\frac{AT}{PM} = \frac{OA}{OP} \quad \text{ou} \quad \frac{\text{Tang}\, a}{\sin a} = \frac{1}{\cos a} \quad \text{d'où} \quad \text{Tang}\, a = \frac{\sin a}{\cos a}.$$

3° Les triangles rectangles semblables BSO, QOM donnent aussi :

$$\frac{BS}{QM} = \frac{OB}{OQ} \quad \text{ou} \quad \frac{\text{Cotg.}\, a}{\cos a} = \frac{1}{\sin a} \quad \text{d'où} \quad \text{Cotg.}\, a = \frac{\cos a}{\sin a}.$$

4° On a de même pour la Sécante :

$$\frac{OT}{OM} = \frac{OA}{OP} \quad \text{ou} \quad \frac{\text{Séc.}\, a}{1} = \frac{1}{\cos a} \quad \text{d'où} \quad \text{Séc.}\, a = \frac{1}{\cos a}.$$

5° On obtient aussi pour la Cosécante :

$$\frac{OS}{OM} = \frac{OB}{OQ} \quad \text{ou} \quad \frac{\text{Coséc.}\, a}{1} = \frac{1}{\sin a} \quad \text{d'où} \quad \text{Coséc}\, a = \frac{1}{\sin a}.$$

Ces formules seront vraies pour un arc $> 90°$, comme pour un arc $< 90°$; car on formera toujours avec les lignes trigonométriques de l'arc des triangles rectangles semblables, et on en déduira les mêmes égalités, pourvu qu'on ait soin de donner à chaque ligne le signe qui lui convient.

En réunissant les cinq égalités qu'on vient de trouver on a le tableau suivant :

$$(1) \left\{ \begin{array}{l} \sin^2 a + \cos^2 a = 1 \\[6pt] \text{Tang}\, a = \dfrac{\sin a}{\cos a} \; ; \; \text{Cotg.}\, a = \dfrac{\cos. a}{\sin a} \\[6pt] \text{Séc.}\, a = \dfrac{1}{\cos. a} \; ; \; \text{Coséc.}\, a = \dfrac{1}{\sin a} \end{array} \right.$$

En multipliant la 2e et la 3e membre à membre on obtient :

$$(2) \qquad \text{Tang}\, a . \text{Cotg}\, a = 1.$$

Remarque. — Il est très-important de s'habituer à traduire les formules en langage ordinaire. Par exemple la 2e des formules (1) signifie que la tangente d'un arc égale le quotient du sinus divisé par le cosinus.

18. — La 1re de ces formules donne le moyen de calculer le cosinus d'un arc quand on connaît le sinus et réciproquement. Une fois le sinus et le cosinus connus, on pourra calculer la tangente avec la 2e, la cotangente avec la 3e etc.

Par exemple on sait que $\sin.30° = \frac{1}{2}$.

On aura donc $\cos^2 30° = 1 - \frac{1}{4} = \frac{3}{4}$ d'où $\cos 30° = \frac{1}{2}\sqrt{3}$

$$\text{Tang } 30° = \frac{\frac{1}{2}}{\frac{1}{2}\sqrt{3}} = \frac{1}{\sqrt{3}} = \frac{1}{3}\sqrt{3} \;;\quad \text{Cotg. } 30° = \sqrt{3}$$

$$\text{Séc. } 30° = \frac{1}{\frac{1}{2}\sqrt{3}} = \frac{2}{\sqrt{3}} = \frac{2}{3}\sqrt{3} \;;\quad \text{Coséc. } 30° = \frac{1}{\frac{1}{2}} = 2.$$

Si l'on effectue les calculs on trouve en se bornant aux millièmes :

$\sin 30° = 0,5$	$\text{Tang. } 30° = 0,577$	$\text{Séc. } 30° = 1,154$
$\cos 30° = 0,866$	$\text{Cotg. } 30° = 1,732$	$\text{Coséc. } 30° = 2,000$

Ainsi le cos. 30° égale 866 fois la 1000e partie du rayon
la tang. 30° ... 577 fois la 1000e partie du rayon etc.

———— - ————

Chapitre II.

Tables trigonométriques.

19. On verra dans la 2e partie de ce traité comment on a pu calculer les lignes trigonométriques de tous les arcs. Ces valeurs étant connues, on a cherché leurs logarithmes. On a inscrit les logarithmes des sinus en colonne vis-à-vis le nombre de degrés et de minutes de l'angle correspondant placé dans une autre colonne. On a fait la même chose pour le cosinus, pour la tangente et la cotangente. L'ensemble de ces colonnes de nombres constitue les *tables trigonométriques*.

Ordinairement elles ne contiennent pas les logarithmes des sécantes et des cosécantes. Cela n'offre aucune difficulté pour les calculs; car on peut remplacer $\text{séc}.a$ par $\frac{1}{\cos a}$ et $\text{coséc}.a$ par $\frac{1}{\sin a}$

Les angles inscrits dans les tables s'étendent seulement de 0° à 90°. Si l'on avait à chercher une ligne trigonométrique pour un angle obtus, on prendrait celle de l'angle aigu supplémentaire et on lui donnerait le signe −, excepté pour le sinus et la cosécante qui conservent le signe +. Il ne faut pas perdre de vue que les tables contiennent non les valeurs des lignes trigonométriques, mais seulement leurs logarithmes.

Les sinus et cosinus étant toujours plus petits que 1, excepté pour 90° où leur valeur est égale à 1, leurs logarithmes auraient des caractéristiques négatives. Il en serait de même pour ceux des tangentes des angles inférieurs à 45° et ceux des cotangentes des angles supérieurs à 45°. Pour que l'imprimeur n'eût pas à employer à la partie entière des logarithmes un chiffre surmonté du signe −, chacun de ces logarithmes a été augmenté de 10. On doit donc dans les calculs diminuer de 10 le logarithme qu'on a pris dans les tables. Ainsi les tables donnant 9,56917 pour $\log.\sin 21°46'$, le logarithme véritable est $\bar{1},56917$.

La tangente de l'angle $> 45°$ et la cotangente de l'angle $< 45°$ étant plus grandes que 1, leurs logarithmes sont positifs. On ne leur a fait aucune augmentation, et ils se trouvent dans les tables avec leur vraie valeur.

Tables de Lalande.

21. Ces tables contiennent les logarithmes des sinus, cosinus, tangentes et cotangentes avec 5 décimales pour tous les angles de minute en minute depuis 0° jusqu'à 90°. Le nombre des degrés est inscrit au haut de la page de 0° à 45° à côté des mots sinus, tangente etc. Le nombre des minutes est dans la 1re colonne à gauche en tête de laquelle on voit le signe des minutes ('); elle renferme les nombres depuis 1 jusqu'à 30 dans la page de gauche, et depuis 30 jusqu'à 60 dans la page de droite qui n'est que la continuation de l'autre page. Pour les angles supérieurs à 45°, il faut prendre le nombre de degrés au bas de la page à côté des mots sinus, tangente etc. en allant de la fin des tables au commencement. Le nombre des minutes se lit en montant dans la 1re colonne à droite de la page.

Il n'y a aucune difficulté pour trouver le logarithme d'une ligne trigonométrique d'un angle qui ne contient que des degrés et des minutes. Par exemple pour avoir log. sin 21° 46' on prend la page au haut de laquelle on voit 21° à côté du mot sinus. On descend ensuite dans la 1re colonne des minutes à gauche de la page jusqu'au nombre 46, et on prend le nombre 9,56917 placé sur la même ligne horizontale dans la colonne qui porte en tête le mot sinus. En diminuant ce nombre de 10, on a ainsi: $\text{Log. Sin. } 21° 46' = \bar{1},56917$.

Si l'on demande la tangente de 68° 14', on prend la page au bas de laquelle on voit 68°. On monte ensuite dans la colonne des minutes à droite de la page jusqu'au nombre 14. Le logarithme cherché est placé sur la même ligne horizontale que 14 dans la colonne au bas de laquelle on voit le mot tangente. On trouve ainsi:

$$\text{Log. Tang. } 68° 14' = 0,39870.$$

21. — Lorsque l'angle contient encore des secondes, on peut trouver le logarithme au moyen des nombres inscrits dans les colonnes qui

portent en tête la lettre D, initiale du mot *différence*. La colonne D qui est la 3e de la page de gauche à droite contient les différences qui existent entre deux logarithmes consécutifs de la colonne Sin. L'autre colonne D, la 2e de la page en allant de droite à gauche contient les différences de deux logarithmes consécutifs de la colonne Cos. Enfin entre la colonne Tang. et la colonne Cotg. est une autre colonne portant en tête les lettres d.c initiales des mots *différence commune*. Ces différences sont en effet tout à la fois celles de deux logarithmes consécutifs de la colonne Tang. et de la colonne Cotg.

1° Chercher le logarithme Sin. 24°.36'.43".

On trouve d'abord en ne prenant que les degrés et les minutes

$$\text{Log. Sin. } 24^\circ\ 36' = \bar{1},61939.$$

or le logarithme cherché est compris entre log. Sin. 24° 36' et Log. Sin. 24° 37' dont la différence prise dans la colonne voisine D entre la ligne qui commence par 36' et celle qui commence par 37' est 27. L'augmentation qu'il faut faire à $\bar{1},61939$ n'est qu'une partie de 27. Pour la trouver on fait le raisonnement suivant.

Si l'angle 24° 36' augmentait de 1' ou 60"
le logarithme $\bar{1},61939$ augmenterait de 27 unités du 5e chiffre.
Si l'angle augmentait seulement de 1"
le log. augmenterait de la 60e partie de 27 c.à d. de $\frac{27}{60}$
donc pour 43" le log. augmente de $\frac{27}{60} \times 43 = 19$.

On a déjà Log. Sin 24° 37' = $\bar{1},61939$
on a ensuite pour 43" 19
donc Log Sin 24° 37' 43" = $\bar{1};61958$

Quand on a multiplié la différence tabulaire par le nombre de secondes et divisé le produit par 60, on ne doit prendre que la partie entière du quotient, mais il faut avoir soin d'augmenter de 1 son premier chiffre à droite, s'il est suivi de 5 ou d'un chiffre > 5.

On doit faire attention que lorsqu'il s'agit du cosinus ou de la Cotangente, le logarithme diminue quand l'angle augmente.

2°. Étant donné le log. d'une ligne trigonométrique, trouver l'angle correspondant.

Soit x un angle inconnu tel qu'on ait : $\text{Log. tang } x = \bar{1},68472$.

D'abord la caractéristique étant négative, l'angle inconnu x est $< 45°$.

On augmente de 10 le logarithme donné pour le rendre semblable à celui des tables et on a ainsi : $\text{Log. tang } x = 9,68472$.

On cherche ce logarithme dans la colonne des tangentes de haut en bas. Comme il ne s'y trouve pas, on prend le logarithme inférieur qui en approche le plus ; c'est 9,68465. Le nombre de degrés de l'angle correspondant est au haut de la page : c'est 25°. Le nombre de minutes se trouve dans la 1re colonne à gauche de la page sur la même ligne horizontale que 9,68465. Ce nombre est 49'.

L'angle cherché est donc compris entre entre 25° 49' et 25° 50'.

Or la différence entre les logarithmes des tangentes de ces deux angles est 32, et le logarithme donné 9,68465 surpasse de 7 le logarithme de la tangente de 25° 49'. On dira comme plus haut :

Si le logarithme 9,68472 augmentait de 32
l'angle 25° 49' augmenterait de — . 60"
Si le logarithme augmentait seulement de . . 1
l'angle augmenterait de la 32e partie de 60" ou de $\frac{60''}{32}$
Comme log. tang. x surpasse de 7 Log. tang. 25° 49'
l'angle 25° 49' augmentera de $\frac{60''}{32} \times 7 = 13''$

On peut disposer ce petit calcul de la manière suivante :

$$\text{Log. tang. } x = \bar{1},68472$$

pour $\bar{1},68465$ l'angle est 25° 49'

7 . . . . 13"

$$x = 25°\ 49'\ 13''$$

Cette proportionnalité qu'on admet dans les deux questions précédentes entre l'accroissement de l'angle et celui du logarithme n'est pas rigoureusement vraie. Mais l'erreur qui en résulte est moindre que 1 unité du dernier chiffre du logarithme pour le sinus des angles > 1° 30' et le cosinus des angles < 88° 30', et pour la tangente et la cotangente des angles compris entre 1° 30' et 88° 30'.

Tables de Callet.

22. Les tables de Callet où les logarithmes ont 7 décimales sont disposées à peu près comme celles de Lalande; mais les angles y sont inscrits de 10" en 10". Les dizaines de secondes sont contenues dans la 2e colonne à gauche de la page pour les angles < 45° et dans la 2e colonne à droite pour les angles > 45°. Les différences inscrites dans ces tables sont celles de deux logarithmes consécutifs correspondant à deux angles qui diffèrent de 10". On se sert de ces tables comme de celles à 5 décimales.

Quand l'angle est < 5°, la proportionnalité qu'on admet entre l'accroissement du logarithme et celui de l'angle produirait une erreur qui affecte le dernier chiffre du logarithme s'il s'agit du sinus et de la tangente. C'est pour cela que les tables de Callet sont précédées de tables qui donnent les log. sinus et les log. tangentes de seconde en seconde de 0° à 5°.

Chapitre III.

Dans tout ce qui suit les trois côtés d'un triangle seront toujours désignés par a, b, c, et les angles opposés par les majuscules correspondantes A, B, C. De plus A désignera toujours l'angle droit quand le triangle sera rectangle.

22. Relations entre les côtés et les angles du triangle rectangle.

1° Dans le triangle rectangle ABC (fig. 5) décrivons du point C pris pour centre l'arc MN avec un rayon quelconque, et menons MP et TN perpendiculaires à AB. Le quotient $\frac{MP}{BM}$ est le sinus de l'angle C, et le quotient $\frac{TN}{BN}$ en est la tangente.

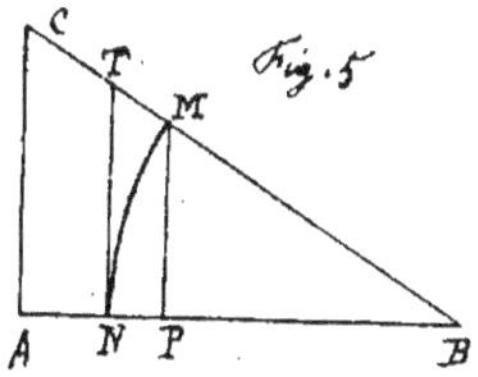

Les triangles rectangles ABC et BMP étant semblables, on a $\frac{MP}{AC} = \frac{BM}{BC}$ d'où $AC = BC \times \frac{MP}{BM}$

$$\left.\begin{array}{ll} \text{ou} & b = a \sin B \\ \text{on aurait de même} \ldots & c = a \sin C \end{array}\right\} \quad (3)$$

Donc dans tout triangle rectangle chaque côté de l'angle droit est égal à l'hypoténuse multipliée par le sinus de l'angle opposé à ce côté.

2° Le sinus de C est égal à $\cos B$, et $\sin B$ est égal à $\cos C$. En remplaçant le sinus par le cosinus dans les égalités (3), on a

$$\left.\begin{array}{l} b = a \cos C \\ c = a \cos B \end{array}\right\} \quad (4)$$

Donc dans tout triangle rectangle chaque côté de l'angle droit est égal à l'hypoténuse multipliée par le cosinus de l'angle adjacent à ce côté.

On pourrait aussi tirer ces égalités des triangles semblables ABC, BMP, en remarquant que $\cos B$ est égal au quotient $\frac{BP}{BM}$.

3° Les triangles BTN et ABC étant semblables, on a

$$\frac{CA}{TN} = \frac{AB}{BN} \quad \text{d'où} \quad CA = AB \times \frac{TN}{BN}$$

$$\left.\begin{array}{ll} \text{On aura donc} & b = c \operatorname{tang} B \\ \text{On a de même} \ldots & c = b \operatorname{tang} C \end{array}\right\} \ldots (5)$$

Donc dans tout triangle rectangle chaque côté de l'angle droit est égal à l'autre côté multiplié par la tangente de l'angle opposé au 1er côté.

4° La tangente de B est égale à la cotangente de C, et la tangente de C est égale à la cotangente de B. En remplaçant la tangente par la cotangente dans les égalités (5), on a

$$\left.\begin{array}{l} b = c \operatorname{cotg} C \\ c = b \operatorname{cotg} B \end{array}\right\} \ldots (6)$$

donc dans tout triangle rectangle chaque côté de l'angle droit est égal à l'autre côté multiplié par la cotangente de l'angle opposé au 1er côté.

24. Dans le triangle rectangle ABC, le côté AB peut être regardé comme la projection du côté BC sur la droite AB considérée comme indéfinie. D'après cela les égalités (4) montrent que la projection d'une droite sur une autre droite prise pour axe de projection est égale à la droite projetée multipliée par le cosinus de l'angle qui mesure l'inclinaison de cette droite sur l'axe de projection.

25. Résolution du triangle rectangle.

Un triangle rectangle est déterminé quand on connaît un côté et un angle, ou deux côtés. Or le côté donné peut être un côté de l'angle droit ou l'hypoténuse; les deux côtés donnés peuvent être l'hypoténuse et un côté de l'angle droit ou les deux côtés de l'angle droit. La résolution d'un triangle rectangle présente donc quatre cas dans lesquels on connaît:

1° un angle aigu et un côté de l'angle droit.

2° un angle aigu et l'hypoténuse

3° un côté de l'angle droit et l'hypoténuse.

4° les deux côtés de l'angle droit.

1er cas. — Données : B, c.

On obtient d'abord l'angle C ; il est égal à $90° - B$.

Pour trouver le côté b on a la relation $b = c \operatorname{Tang} B$.

d'où $\operatorname{Log} b = \operatorname{Log} c + \operatorname{Log} \operatorname{Tang} B$.

Pour trouver le côté a on a la relation $c = a \operatorname{Cos} B$ d'où $a = \frac{c}{\operatorname{Cos} B}$

et $\operatorname{Log} a = \operatorname{Log} c - \operatorname{Log} \operatorname{Cos} B$.

Soit par exemple $B = 52° 36' 14''$ et $c = 68^m,42$.

Calcul de C. — $C = 89° 59' 60'' - 52° 36' 14''$

$C = 37° 23' 46''$.

Calcul de b	Calcul de a
$b = c \operatorname{Tang} B$	$a = \frac{c}{\operatorname{Cos} B}$
$\operatorname{Log} b = \operatorname{Log} c + \operatorname{Log} \operatorname{Tang} B$	$\operatorname{Log} a = \operatorname{Log} c - \operatorname{Log} \operatorname{Cos} B$
$\operatorname{Log} c = 1,83518$	$\operatorname{Log} c = 1,83518$
$\operatorname{Log} \operatorname{Tang} B = 0,11665$	$\operatorname{Log} \operatorname{Cos} B = \bar{1},78342$
$\operatorname{Log} b = 1,95183$	$\operatorname{Log} a = 2,05176$
8950 95182	1126 05154
02 pour . . . . 1 : diff. 5	05 pour . . . 22 : diff. 38
$b = 89,52$	$a = 112,65$

27. 2e cas. — Données : B, a.

On a d'abord $C = 90° - B$

Pour trouver le côté b on a la relation $b = a \operatorname{Sin} B$

d'où $\operatorname{Log} b = \operatorname{Log} a - \operatorname{Log} \operatorname{Sin} B$

Pour le côté c on a la relation $c = a \operatorname{Sin} C$

d'où $\operatorname{Log} c = \operatorname{Log} a + \operatorname{Log} \operatorname{Sin} C$.

28. 3e cas. — Données : a, b.

On cherche d'abord le côté c en se rappelant que le carré de l'hypoténuse est égal à la somme des carrés des deux côtés de l'angle droit. On a d'après cela $a^2 = c^2 + b^2$ ou $c^2 = a^2 - b^2$

d'où $c = \sqrt{a^2 - b^2}$.

Ce résultat donne lieu à la remarque suivante.

Tous les calculs de triangles se font toujours au moyen des logarithmes. Or pour obtenir le côté c, il faudrait d'abord faire le carré de a, puis le carré de b, ensuite retrancher le second carré du premier, et enfin extraire la racine carrée du reste. Dans ce cas l'emploi des logarithmes n'abrègerait nullement les calculs. Pour cette raison on dit que l'expression trouvée pour le côté c n'est pas *calculable par logarithmes*.

Or on sait que la différence des carrés de deux quantités est égale au produit de la somme de ces quantités par leur différence. Par conséquent $a^2 - b^2$ peut être remplacé par $(a+b)\times(a-b)$. On obtient ainsi pour le côté c l'expression $c = \sqrt{(a+b)\times(a-b)}$.

On fera d'abord la somme $a+b$ et la différence $a-b$, après quoi on n'aura qu'un seul calcul de logarithmes à effectuer. En effet on a

$$\log c = \frac{\log(a+b) + \log(a-b)}{2}$$

En général une quantité algébrique est calculable par logarithmes quand les quantités précédées des signes + et − dont elle se compose ne sont qu'au 1er degré.

Remarque. — On aurait pu commencer par chercher l'angle B au moyen de l'égalité $b = a \sin B$ d'où $\sin B = \frac{b}{a}$. Mais on doit autant que possible employer la tangente ou la cotangente dans le calcul d'un angle. On verra en effet dans la 2e partie de ce traité que l'erreur commise sur l'angle obtenu au moyen de la tangente est plus faible que celle qui provient de l'emploi du sinus ou du cosinus.

Quand on a obtenu le 3e côté c, on calcule l'angle B au moyen de la relation $b = c \operatorname{tang} B$ d'où $\operatorname{tang} B = \frac{b}{c}$

d'où $\log. \operatorname{tang} B = \log b - \log c$.

Quant à l'angle C il est égal à $90° - B$.

29. 4e Cas. — Données : b, c.

On pourrait obtenir d'abord le côté a par l'égalité $a = \sqrt{b^2 + c^2}$. Mais cette expression n'étant pas calculable par logarithmes, et ne

pouvant être remplacée par une autre, on cherchera d'abord les angles.
Pour B on a l'égalité $b = c \operatorname{Tang} B$ d'où $\operatorname{Tang} B = \frac{b}{c}$
Pour C on a $C = 90° - B$
Pour le côté a on a $b = a \operatorname{Sin} B$ d'où $a = \frac{b}{\operatorname{Sin} B}$.

Chapitre IV.

30. Relation entre les côtés et les angles d'un triangle quelconque.

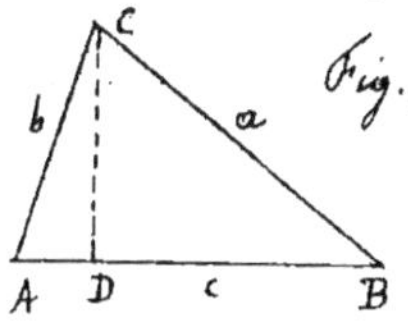

Fig. 6

Dans le triangle ABC (Fig. 6) menons une des hauteurs CD par exemple.
Le triangle rectangle ACD donne $CD = b \operatorname{Sin} A$
le triangle rectangle BCD donne $CD = a \operatorname{Sin} B$
donc $a \operatorname{Sin} B = b \operatorname{Sin} A$ d'où l'on tire $\frac{a}{b} = \frac{\operatorname{Sin} A}{\operatorname{Sin} B}$.
On voit ainsi que le rapport de deux côtés d'un triangle est égal au rapport des sinus des angles opposés à ces côtés.
On met ordinairement cette égalité sous la forme suivante $\frac{a}{\operatorname{Sin} A} = \frac{b}{\operatorname{Sin} B}$.
On obtiendrait de même $\frac{a}{\operatorname{Sin} A} = \frac{c}{\operatorname{Sin} C}$ en menant la hauteur du sommet B.
On a donc la relation suivante : $\frac{a}{\operatorname{Sin} A} = \frac{b}{\operatorname{Sin} B} = \frac{c}{\operatorname{Sin} C}$ ... (7)

Ainsi chaque côté du triangle divisé par le sinus de l'angle opposé donne un quotient constant.
On énonce toujours ce principe de la manière suivante : Les trois côtés d'un triangle sont proportionnels aux sinus des angles qui leur sont opposés.
Remarque. — La démonstration resterait la même si la hauteur tombait hors du triangle (Fig. 7). En effet comme précédemment

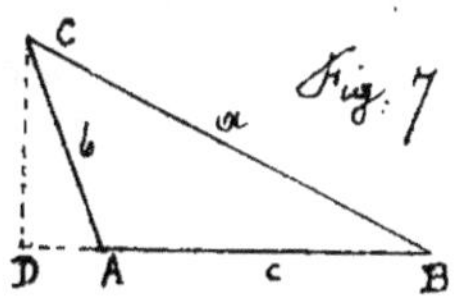

Fig. 7

le triangle BCD donne $CD = a \operatorname{Sin} B$
le triangle ACD donne $CD = b \operatorname{Sin} CAD$

Or Sin CAD est égal à Sin CAB c.à d. à SinA puisque les deux angles CAD et CAB sont supplémentaires, donc CD = b SinA.

31. Relation entre les trois côtés et un angle.

Il est utile d'avoir une relation dans laquelle il n'y ait qu'un angle avec les trois côtés: cette relation est donnée par la géométrie.

En effet on sait que dans tout triangle le carré d'un côté est égal à la somme des carrés des deux autres côtés, plus le double produit de l'un de ces côtés multiplié par la projection de l'autre côté sur lui, si l'angle opposé au 1er côté est obtus, et moins ce double produit si cet angle est aigu.

Soit l'angle A aigu (Fig. 6) et CD perpendiculaire sur AB, on a l'égalité

$$a^2 = b^2 + c^2 - 2c \times AD$$

Or le triangle rectangle ACD donne AD = b CosA, et en substituant cette valeur de AD dans l'égalité précédente on a $a^2 = b^2 + c^2 - 2bc \text{ Cos} A$.

Si l'angle A est obtus (Fig. 7) on a

$$a^2 = b^2 + c^2 + 2c \times AD$$

Mais le triangle rectangle ACD donne AD = b Cos CAD. Or les angles CAD et CAB étant supplémentaires, on a Cos CAD = − Cos CAB et par conséquent AD = − b Cos CAB = − b Cos A. En substituant cette valeur de AD dans l'égalité ci-dessus on a $a^2 = b^2 + c^2 - 2bc \text{ Cos} A$.

Ainsi le carré d'un côté est égal à la somme des carrés des deux autres côtés moins le double produit de ces deux côtés multiplié par le cosinus de l'angle opposé au premier.

Ce théorème est exprimé par les égalités suivantes:

$$\left.\begin{aligned} a^2 &= b^2 + c^2 - 2bc \text{ Cos} A \\ b^2 &= a^2 + c^2 - 2ac \text{ Cos} B \\ c^2 &= a^2 + b^2 - 2ab \text{ Cos} C \end{aligned}\right\} \ldots (8)$$

32. Résolution d'un triangle quelconque.

La géométrie apprend qu'on peut construire un triangle quand on connaît:

1° un côté et deux angles,
2° deux côtés et l'angle opposé à l'un d'eux.
3° deux côtés et l'angle compris entre eux.
4° les trois côtés.

Nous avons donc à étudier quatre cas dans la résolution d'un triangle.

1er cas. — Données : a, A, B.

On cherche d'abord le 3e angle et on a $C = 180° - (A+B)$.

Pour obtenir le côté b on a $\frac{b}{\sin B} = \frac{a}{\sin A}$ d'où $b = \frac{a \sin B}{\sin A}$

et $\log b = \log a + \log \sin B - \log. \sin A$.

Pour obtenir le côté c on a $\frac{c}{\sin C} = \frac{a}{\sin A}$ d'où $c = \frac{a \sin C}{\sin A}$

et $\log c = \log. a + \log. \sin C - \log \sin A$

Exemple.

Données $\begin{cases} a = 68^m,42 \\ A = 47°36'24'' \\ B = 75°16'32'' \end{cases}$ Inconnues $\begin{cases} C \\ b \\ c \end{cases}$

Calcul de C. — $C = 180° - (A+B)$

$$\begin{array}{rl} A = & 47°\ 36'\ 24'' \\ B = & 75°\ 16'\ 32'' \\ \hline A+B = & 122°\ 52'\ 56'' \\ 180° = & 179°\ 59'\ 60'' \\ \hline C = & 57°\ 7'\ 4'' \end{array}$$

Calcul de b.

$\frac{b}{\sin B} = \frac{a}{\sin A}$ d'où $b = \frac{a \sin B}{\sin A}$

$\log b = \log a + \log \sin B - \log \sin A$.

$$\begin{array}{rl} \log a = & 1,83518 \\ \log \sin B = & \bar{1},98550 \\ C^t \log. \sin A = & 10,13163 \\ \hline \log b = & 1,95231 \\ b = & 89^m,60 \end{array}$$

Calcul de c.

$$\frac{c}{\sin C} = \frac{a}{\sin A} \text{ d'où } c = \frac{a \sin C}{\sin A}$$

$$\text{Log } c = \text{Log } a + \text{Log} \sin C - \text{Log} \sin A$$

$$\begin{aligned} \text{Log. } a &= 1,83518 \\ \text{Log. } \sin C &= \bar{1},92417 \\ \text{C}^t\text{. Log} \sin A &= 10,13163 \\ \hline \text{Log } c &= 1,89098 \\ c &= 77,^m80 \end{aligned}$$

33. *Des compléments.* — Dans le calcul de c par exemple (on a fait la même chose dans celui de b) au lieu de faire d'abord la somme de Log. a et de Log. Sin C et d'en retrancher ensuite Log. Sin A, on a au contraire ajouté à cette somme le complément de Log Sin A ; on a ensuite retranché une dizaine au résultat, et on a ainsi obtenu le reste qu'aurait donné la soustraction. De cette manière le calcul est plus simple. Nous allons expliquer cette méthode.

D'abord on appelle *complément* d'un logarithme ce qui lui manque pour qu'il soit égal à 10. Si par exemple un logarithme était égal à 2,36742 son complément serait 10 − 2,36742 c.à d. 7,63258. Pour trouver ce complément, on retranche le logarithme de 10 en le retranchant de 9,999(10) ; ainsi on retranche chaque chiffre de 9 en allant de gauche à droite et le dernier de 10.

D'après cela le log Sin A c.à d. Log. Sin 47° 36′ 24″ était $\bar{1}$,86837 son complément ou C^t. Log. Sin A est 10,13163 ; car $\bar{1}$ retranché de 9 donne 10,

Dans le calcul de c on aurait dû retrancher Log Sin A de la somme Log a + Log. Sin C. Or cette soustraction n'ayant pas été faite cette somme reste trop forte de Log Sin A. De plus on l'a encore augmentée de ce qui manque à Log. Sin A pour égaler 10, c.à d. de C^t. Log Sin A ; donc la somme des deux premiers logarithmes et du complément du 3e est trop forte de 10

Ainsi lorsqu'on doit retrancher un ou plusieurs logarithmes de la somme d'autres logarithmes, on peut obtenir le résultat en ajoutant à ces derniers les compléments de chaque logarithme à retrancher et en ôtant au résultat autant de dizaines qu'on a pris de compléments.

34. — 2e Cas. — Données : a, b, A.

On cherche d'abord l'angle B au moyen de la relation $\frac{\sin B}{b} = \frac{\sin A}{a}$

d'où $\sin B = \frac{b \sin A}{a}$ et $\log \sin B = \log b + \log \sin A - \log a$.

et on trouve dans les tables un angle aigu B correspondant à $\sin B$.

Mais à un même sinus correspondent deux angles l'un aigu et l'autre obtus qui sont supplémentaires. Si l'angle donné A est obtus, ou bien s'il est aigu et qu'en même temps le côté opposé a soit $> b$, l'angle cherché B ne peut être qu'aigu.

On cherche alors l'angle C par l'égalité $C = 180° - (A+B)$ et on trouve le côté c par l'égalité $\frac{c}{\sin C} = \frac{a}{\sin A}$ d'où $c = \frac{a \sin C}{\sin A}$.

Si l'angle A est aigu et que le côté a soit plus petit que b, l'angle du triangle B peut être obtus et aigu, c. à d. que le problème a deux solutions. En d'autres termes on trouve deux triangles différents ayant tous deux un angle égal à A et deux côtés égaux à a et b, le côté égal à a étant opposé à l'angle A. Dans le premier triangle l'angle opposé à b est aigu ; dans le second l'angle opposé à b est obtus. Désignons par B' cet angle obtus. On trouvera le 3e angle de ce 2e triangle au moyen de l'égalité $C' = 180° - (A+B')$.

On cherchera le côté c' opposé à l'angle C' par la relation $\frac{c'}{\sin C'} = \frac{a}{\sin A}$ d'où $c' = \frac{a \sin C'}{\sin A}$.

Remarque. — Lorsqu'on a A aigu et $a < b$, il peut arriver que le triangle soit impossible, si le côté a a été donné trop petit. Pour trouver la valeur minimum que doit avoir a, construisons le triangle d'après les données de la question.

Pour cela on fait d'abord un angle égal à a (Fig. 8) ; sur un des côtés on prend une longueur $AC = b$; puis du point C pris pour centre (Fig 8) avec un rayon égal à a, on décrit un arc qui

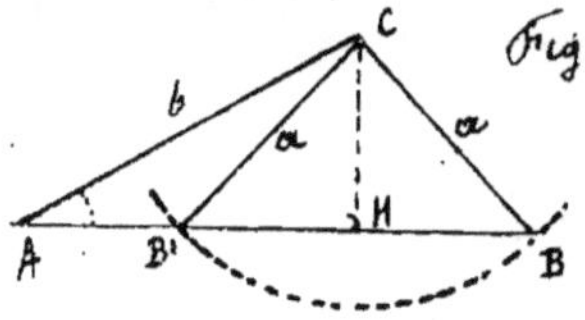

Fig. 8

coupera le second côté de l'angle A en deux points B et B', si a est assez grand. On tire les droites CB et CB' et on a ainsi les deux triangles ABC, $AB'C$.

Menons ensuite CH perpendiculaire sur AB; cette perpendiculaire est égale à $b \sin A$ si l'on considère le triangle rectangle ACH.

Il y aura 2 solutions si a est $> b \sin A$

1 " si a est égal à $b \sin A$: c'est le triangle ACH

aucune si a est $< b \sin A$.

Si l'on essayait de résoudre le triangle dans ce dernier cas, le calcul donnerait un résultat impossible. En effet on a alors $\begin{cases} a < b \\ a < b \sin A \end{cases}$

En divisant membre à membre ces deux inégalités on aurait $1 < \sin A$ ou $\sin A > 1$, ce qui est impossible.

35. 3e cas. — Données : a, b, C.

Si l'on voulait résoudre ce cas au moyen des égalités (7) on arriverait toujours à une équation à deux inconnues. Néanmoins le problème n'est pas indéterminé. Avec ces équations il y en a une autre sous-entendue, c'est : $A + B + C = 180°$. Prenons alors les équations (8) dont chacune ne contient qu'un angle avec les trois côtés.

L'angle C étant l'angle donné, on prend $c^2 = a^2 + b^2 - 2ab \cos C$

d'où l'on tire $c = \sqrt{a^2 + b^2 - 2ab \cos C}$.

Si l'on effectue les calculs indiqués, on obtiendra la valeur de c; mais ces calculs sont trop longs : cette formule n'est pas calculable par logarithmes.

4e cas. — Données : a, b, c.

Le même inconvénient se présente pour calculer les angles au moyen des 3 côtés. En effet de $a^2 = b^2 + c^2 - 2bc \cos A$ on tire $\cos A = \dfrac{b^2 + c^2 - a^2}{2bc}$.

On a cherché d'autres formules pour résoudre ces deux cas aussi simplement que les deux autres : c'est l'objet des deux chapitres suivants.

Chapitre IV.

36. 1er Problème. — Étant donnés les sinus et les cosinus de deux arcs, trouver le sinus et le cosinus de la somme et de la différence de ces arcs.

1° Sinus de la somme de deux arcs.

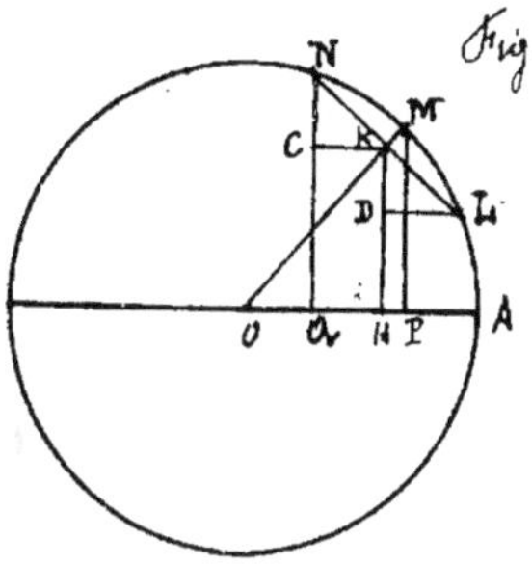

Fig. 9

Désignons par a l'arc AM et par b l'arc MN ; menons NK perpendiculaire sur le rayon OM et prolongeons jusqu'en L. Abaissons NQ, KH et MP perpendiculaires sur OA.

On aura $\begin{cases} MP = \sin a \; ; \; OP = \cos a \\ NK = \sin b \; ; \; OK = \cos b \end{cases}$

On demande de calculer $NQ = \sin(a+b)$ en fonction de $\sin a$, $\cos a$, $\sin b$, $\cos b$.

Pour cela menons KC parallèle à OA ; nous avons de cette manière

$$\sin(a+b) = NQ = CQ + CN = KH + CN.$$

Les triangles OKH et OMP sont semblables et donnent :

$$\frac{KH}{MP} = \frac{OK}{OM} \quad \text{ou} \quad \frac{KH}{\sin a} = \frac{\cos b}{1} \quad \text{d'où} \quad KH = \sin a \cos b.$$

Les triangles semblables CNK et OMP donnent aussi :

$$\frac{CN}{OP} = \frac{NK}{OM} \quad \text{ou} \quad \frac{CN}{\cos a} = \frac{\sin b}{1} \quad \text{d'où} \quad CN = \sin b \cos a.$$

On a donc : $\sin(a+b) = \sin a \cos b + \sin b \cos a.$

2° Cosinus de la somme de deux arcs.

On a d'abord : $\cos(a+b) = OQ = OH - QH = OH - CK.$

Les triangles semblables OHK et OMP donnent :

$$\frac{OH}{OP} = \frac{OK}{OM} \quad \text{ou} \quad \frac{OH}{\cos a} = \frac{\cos b}{1} \quad \text{d'où} \quad OH = \cos a \cos b.$$

Les triangles semblables CKN et OMP donnent :

$$\frac{CK}{MP} = \frac{NK}{OM} \quad \text{ou} \quad \frac{CK}{\sin a} = \frac{\sin b}{1} \quad \text{d'où} \quad CK = \sin a \sin b$$

On a donc : $\cos(a+b) = \cos a \cos b - \sin a \sin b.$

3° Sinus de la différence de deux arcs.

L'arc AL est égal à $a-b$; menons LD parallèle à AO, nous aurons :

$$\sin(a-b) = LS = KH - KD = CQ - CN$$

donc $\sin(a-b) = \sin a \cos b - \sin b \cos a.$

4° Cosinus de la différence de deux arcs.

On a : $\cos(a-b) = OS = OH + HS = OH + DL = OH + CK$

donc $\cos(a-b) = \cos a \cos b + \sin a \sin b.$

En réunissant les quatre formules trouvées, nous avons le tableau suivant :

$$\left.\begin{aligned} \sin(a+b) &= \sin a \cos b + \sin b \cos a \\ \sin(a-b) &= \sin a \cos b - \sin b \cos a \\ \cos(a+b) &= \cos a \cos b - \sin a \sin b \\ \cos(a-b) &= \cos a \cos b + \sin a \sin b \end{aligned}\right\} \cdots (9)$$

37. 2e Problème. — Étant donnés le sinus et le cosinus d'un arc, trouver le sinus et le cosinus du double de cet arc.

Les formules (9) étant vraies pour la somme de deux arcs quels que soient ces arcs, pourvu que a soit $> b$ et $a+b < 180°$, elles sont vraies encore si le 2e arc b est égal au 1er a. En faisant donc $b = a$ dans les formules $\sin(a+b)$ et $\cos(a+b)$ on a

$$\left.\begin{aligned} \sin 2a &= 2\sin a \cos a \\ \cos 2a &= \cos^2 a - \sin^2 a \end{aligned}\right\} \cdots (10)$$

Il faut remarquer la 2e de ces deux formules. Si on la rapproche de l'égalité $\cos^2 a + \sin^2 a = 1$ (n° 17), on voit que la différence entre le carré du cosinus et le carré du sinus d'un arc égale le cosinus du double de cet arc, tandis que leur somme égale 1.

Les formules (10) étant tirées des formules (9) où l'on suppose $a+b < 180°$, sont vraies pour tout arc $2a$ qui est $< 180°$.

38. 3e Problème. — Étant donné le cosinus d'un arc, trouver le sinus et le cosinus de la moitié de cet arc.

En remplaçant dans la 2e des formules (10) l'arc a par l'arc $\frac{a}{2}$

on a . . . . $\cos a = \cos^2 \frac{a}{2} - \sin^2 \frac{a}{2}$

Par la 1re des formules (1) on a aussi $1 = \cos^2 \frac{a}{2} + \sin^2 \frac{a}{2}$

Ces deux équations ne contenant que les deux inconnues, on en tire en les additionnant membre à membre et transposant

$$2\cos^2\frac{a}{2} = 1+\cos a \quad \text{d'où} \quad \cos\frac{a}{2} = \pm\sqrt{\frac{1+\cos a}{2}}.$$

En retranchant la 1re de la seconde membre à membre on a de même

$$2\sin^2\frac{a}{2} = 1-\cos a \quad \text{d'où} \quad \sin\frac{a}{2} = \pm\sqrt{\frac{1-\cos a}{2}}.$$

Comme l'angle A doit être $< 180°$, l'angle $\frac{a}{2}$ est $< 90°$; on ne doit donc mettre que le signe + devant le radical.

Les formules sont donc :

$$\left.\begin{aligned} \sin\frac{a}{2} &= \sqrt{\frac{1-\cos a}{2}} \\ \cos\frac{a}{2} &= \sqrt{\frac{1+\cos a}{2}} \end{aligned}\right\} \text{— (11)}$$

39. 4e Problème. — Transformer en un produit la somme et la différence de deux sinus ou de deux cosinus.

1° Additionnons membre les deux premières des égalités (9); retranchons aussi la seconde de la première, nous obtenons

$$\sin(a+b) + \sin(a-b) = 2\sin a\cos b$$
$$\sin(a+b) - \sin(a-b) = 2\sin b\cos a$$

Le problème est ainsi résolu; mais pour que ces formules puissent être énoncées plus facilement en langage ordinaire, désignons l'arc $a+b$ par p et l'arc $a-b$ par q. Or quand on connaît la somme p et la différence q de deux quantités a et b, la plus grande a est égale à la demi-somme plus la demi-différence, et la plus petite q est égale à la demi-somme moins la demi-différence.

D'après cela on aura : $a = \frac{p+q}{2}$ et $b = \frac{p-q}{2}$.

En remplaçant a et b par ces valeurs dans les deux égalités trouvées plus haut on a

$$\left.\begin{aligned} \sin p + \sin q &= 2\sin\frac{p+q}{2}.\cos\frac{p-q}{2} \\ \sin p - \sin q &= 2\sin\frac{p-q}{2}.\cos\frac{p+q}{2} \end{aligned}\right\} \quad (12)$$

Ainsi la somme des sinus de deux angles est égale au double produit du sinus de la demi-somme de ces angles par le

Cosinus de leur demi-différence.

On énoncerait de la même manière la seconde formule.

2° Si l'on additionne membre à membre la 3e et la 4e des formules (9), ensuite si on les retranche on obtient, en désignant les arcs de la même manière que précédemment

$$\left.\begin{aligned}\cos p + \cos q &= 2\cos\frac{p+q}{2}.\cos\frac{p-q}{2}\\ \cos q - \cos p &= 2\sin\frac{p+q}{2}\sin\frac{p-q}{2}\end{aligned}\right\}\quad(13)$$

Ainsi la somme des cosinus de deux angles est égale au double produit du cosinus de la demi-somme de ces angles par le cosinus de leur demi-différence.

La différence de deux cosinus ne diffère de leur somme qu'en ce que les cosinus qui entraient dans le produit sont remplacés par des sinus.

Remarque. — Si l'on avait à transformer en un produit la somme ou la différence d'un sinus et d'un cosinus, on remplacerait le cosinus par le sinus de l'arc complémentaire et on rentrerait dans le cas précédent. Par exemple $\sin a + \cos b = \sin a + \sin(90° - b)$ d'où $\sin a + \cos b = 2\sin\left(45° + \frac{a-b}{2}\right)\cos\left(\frac{a+b}{2} - 45°\right)$.

40. — 5e Problème. Trouver le rapport entre la somme de deux sinus et leur différence.

Divisons membre à membre les deux égalités (12) et supprimons le facteur 2 au numérateur et au dénominateur du 2e membre, nous aurons

$$\frac{\sin p + \sin q}{\sin p - \sin q} = \frac{\sin\frac{p+q}{2}.\cos\frac{p-q}{2}}{\cos\frac{p+q}{2}.\sin\frac{p-q}{2}} = \frac{\sin\frac{p+q}{2}}{\cos\frac{p+q}{2}} \times \frac{\cos\frac{p-q}{2}}{\sin\frac{p-q}{2}}.$$

mais le rapport du sinus au cosinus égale la tangente du même arc et le rapport du cosinus au sinus égale la cotangente du même arc on a donc

$$\frac{\sin p + \sin q}{\sin p - \sin q} = \operatorname{Tang}\frac{p+q}{2} \times \operatorname{Cotg.}\frac{p-q}{2}$$

De plus d'après l'égalité (2) $\text{Cotg.}\,\frac{p-q}{2}$ est égale à $\frac{1}{\text{Tang}\,\frac{p-q}{2}}$

On a donc : $$\frac{\sin p + \sin q}{\sin p - \sin q} = \frac{\text{Tang}\,\frac{p+q}{2}}{\text{Tang}\,\frac{p-q}{2}} \quad \cdots (14)$$

Donc la somme des sinus de deux angles divisée par leur différence égale la tangente de la demi-somme de ces angles divisée par la tangente de leur demi-différence.

Chapitre V.

Résolution du 3e et du 4e cas des triangles.

41. Avec ce qui précède nous pourrons maintenant trouver des formules calculables par logarithmes pour le 3e et le 4e cas de la résolution des triangles.

3e Cas. — Données : a, b, C.

Commençons par chercher les angles A et B. D'abord nous connaissons leur somme A+B ; car elle est égale à 180°-C. Il suffit donc de chercher leur différence au moyen des côtés donnés b et a.

Or la formule (14) donne déjà $$\frac{\text{Tang}\,\frac{p-q}{2}}{\text{Tang}\,\frac{p+q}{2}} = \frac{\sin A - \sin B}{\sin A + \sin B} \quad \cdots (\alpha)$$

Il s'agit maintenant de remplacer les sinus par une valeur en fonction des côtés a et b. Pour cela prenons les formules $\frac{\sin A}{a} = \frac{\sin B}{b}$

Dans une proportion la somme des numérateurs divisée par celle des dénominateurs forme un nouveau rapport égal à ceux de la proportion ; la même chose a lieu si on prend la différence au lieu de la somme.

On a d'après cela :

$$\frac{\sin A - \sin B}{a-b} = \frac{\sin A}{a} \quad \text{et} \quad \frac{\sin A + \sin B}{a+b} = \frac{\sin A}{a}$$

Les premiers membres de ces deux égalités étant égaux à $\frac{\sin A}{a}$ sont égaux

On a donc $\frac{\text{Sin} A - \text{Sin} B}{a-b} = \frac{\text{Sin} A + \text{Sin} B}{a+b}$ ou $\frac{\text{Sin} A - \text{Sin} B}{\text{Sin} A + \text{Sin} B} = \frac{a-b}{a+b}$.

Remplaçons maintenant $\frac{\text{Sin} A - \text{Sin} B}{\text{Sin} A + \text{Sin} B}$ par cette valeur dans l'égalité (α)

nous avons
$$\frac{\text{Tang}\,\frac{A-B}{2}}{\text{Tang}\,\frac{A+B}{2}} = \frac{a-b}{a+b} \quad \ldots\ldots (15).$$

Cette égalité ne contenant plus que l'angle inconnu $\frac{A-B}{2}$, on en tire

$$\text{Tang}\,\frac{A-B}{2} = \frac{\text{Tang}\,\frac{A+B}{2} \times (a-b)}{a+b}$$

d'où $\text{Log.}\,\text{Tang}\,\frac{A-B}{2} = \text{Log.}\,\text{Tang.}\,\frac{A+B}{2} + \text{Log}(a-b) - \text{Log}(a+b)$.

Au moyen des tables on trouvera ainsi la demi-différence des angles A et B or on connaît déjà leur demi-somme;

donc A égale la demi-somme plus la demi-différence;

B égale la demi-somme moins la demi-différence.

Les ~~trois~~ angles étant ainsi connus, on calculera le 3e côté c par la relation ordinaire $\frac{c}{\text{Sin} C} = \frac{a}{\text{Sin} A}$.

Remarque. — On peut calculer le côté c un peu plus simplement En effet de l'égalité $\frac{c}{\text{Sin} C} = \frac{b}{\text{Sin} B} = \frac{a}{\text{Sin} A}$ on tire $\frac{c}{\text{Sin} C} = \frac{a+b}{\text{Sin} A + \text{Sin} B}$

d'où l'on a $c = \frac{(a+b)\,\text{Sin}\,C}{\text{Sin} A + \text{Sin} B}$.

Or d'après l'égalité (12) on a $\text{Sin} A + \text{Sin} B = 2\,\text{Sin}\,\frac{A+B}{2} \cdot \text{Cos}\,\frac{A-B}{2}$

et d'après l'égalité (10) on a $\text{Sin}\,C = 2\,\text{Sin}\,\frac{C}{2}\,\text{Cos}\,\frac{C}{2}$

En mettant ces valeurs à la place de $\text{Sin} A + \text{Sin} B$ et de $\text{Sin}\,C$ dans la valeur du côté c, on a $c = \frac{(a+b)\,\text{Sin}\,\frac{C}{2} \cdot \text{Cos}\,\frac{C}{2}}{\text{Sin}\,\frac{A+B}{2} \cdot \text{Cos}\,\frac{A-B}{2}}$

De plus l'angle $\frac{C}{2}$ étant le complément de $\frac{A+B}{2}$, on a $\text{Cos}\,\frac{C}{2} = \text{Sin}\,\frac{A+B}{2}$; en supprimant ces facteurs égaux au numérateur et au dénominateur on a enfin

$$c = \frac{(a+b) \cdot \text{Sin}\,\frac{C}{2}}{\text{Cos}\,\frac{A-B}{2}} \quad \ldots (16)$$

De cette manière on n'a à chercher que deux logarithmes, puisque celui de $a+b$ est déjà connu.

42. 4e Cas. – Données : a, b, c.

Nous avons vu (n° 35) que pour trouver les angles d'un triangle on avait la formule $\cos A = \frac{b^2+c^2-a^2}{2bc}$, mais elle n'est pas calculable par logarithmes. Nous allons en chercher une autre.

Or nous avons (n° 38) $\sin \frac{A}{2} = \sqrt{\frac{1-\cos A}{2}}$.

Si nous remplaçons dans cette formule $\cos A$ par sa valeur en fonction des côtés, nous avons $\sin \frac{A}{2} = \sqrt{\frac{1-\frac{b^2+c^2-a^2}{2bc}}{2}} = \sqrt{\frac{2bc-b^2-c^2+a^2}{4bc}}$

$$\sin \frac{A}{2} = \sqrt{\frac{a^2-(b^2+c^2-2bc)}{4bc}} = \sqrt{\frac{a^2-(b-c)^2}{4bc}}$$

$$\sin \frac{A}{2} = \sqrt{\frac{(a+b-c)\times(a-b+c)}{4bc}} \quad \ldots \quad (\beta)$$

Cette dernière formule est calculable par logarithmes, après qu'on aura trouvé les deux facteurs $a+b-c$ et $a-b+c$. Mais nous allons lui donner une forme encore plus simple.

Pour cela représentons par p le demi-périmètre $\frac{a+b+c}{2}$ du triangle ; on aura alors $a+b+c = 2p$.

En ôtant $2c$ aux deux membres on a $a+b-c = 2p-2c = 2(p-c)$

en ôtant $2b$ . . . . on a $a-b+c = 2p-2b = 2(p-b)$

Si l'on substitue ces valeurs sous le radical de la formule (β) en supprimant le facteur 4 au numérateur et au dénominateur on trouve

$$\sin \frac{A}{2} = \sqrt{\frac{(p-b)(p-c)}{bc}} \quad \ldots \quad (17)$$

Pour avoir une valeur analogue de $\cos \frac{A}{2}$ on prendra la seconde des formules (11) $\cos \frac{A}{2} = \sqrt{\frac{1+\cos A}{2}}$ et on y substituera la valeur ci-dessus de $\cos A$ en fonction des côtés ce qui donne

$$\cos\frac{A}{2} = \sqrt{\frac{1 + \frac{b^2+c^2-a^2}{2bc}}{2}}$$

En effectuant ensuite des transformations tout-à-fait semblables aux précédentes on obtient

$$\cos\frac{A}{2} = \sqrt{\frac{p(p-a)}{bc}} \quad \ldots\ldots (18)$$

Si l'on divise les égalités (17) et (18) membre à membre on a

$$\operatorname{Tang}\frac{A}{2} = \frac{\sqrt{\frac{(p-b)(p-c)}{bc}}}{\sqrt{\frac{p(p-a)}{bc}}} = \sqrt{\frac{\frac{(p-b)(p-c)}{bc}}{\frac{p(p-a)}{bc}}}$$

$$\text{et } \operatorname{Tang}\frac{A}{2} = \sqrt{\frac{(p-b)(p-c)}{p(p-a)}} \quad \ldots\ldots (19)$$

D'après la remarque faite au n° 28 on devra employer de préférence la formule (19) pour calculer les angles d'un triangle.

En examinant la composition de la formule on voit facilement qu'on aura de même

$$\operatorname{Tang}\frac{B}{2} = \sqrt{\frac{(p-a)(p-c)}{p(p-b)}}$$

$$\operatorname{Tang}\frac{C}{2} = \sqrt{\frac{(p-a)(p-b)}{p(p-c)}}$$

Chapitre VI.

Surface d'un triangle.

La trigonométrie donne des formules très-simples pour calculer la surface d'un triangle quand on connaît trois de ses parties dont une au moins est un côté.

43. On connaît deux côtés et l'angle compris.

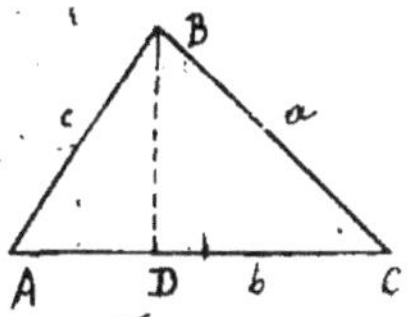

Fig. 10.

Dans le triangle ABC menons la hauteur BD (Fig. 10) nous avons d'abord $ABC = \frac{b \times BD}{2}$.

Or le triangle rectangle BCD donne $BD = a \sin C$ (n° 23).

En substituant cette valeur de BD dans celle de ABC

on a ..... $$ABC = \frac{ab \sin C}{2} \quad \ldots \quad (20)$$

Donc la surface d'un triangle est égale au demi-produit de deux de ses côtés multiplié par le sinus de l'angle compris entre eux.

44. On connaît un côté et deux angles.

Pour trouver la surface en fonction d'un côté et des angles il suffit d'éliminer un côté de la formule (20). Or on a $\frac{b}{\sin B} = \frac{a}{\sin A}$ d'où l'on tire $b = \frac{a \sin B}{\sin A}$ En substituant cette valeur dans (20) on a

$$\left. \begin{array}{l} ABC = \dfrac{a^2 \sin B \sin C}{2 \sin A} \\ \text{ou} \quad ABC = \dfrac{a^2 \sin B \cdot \sin C}{2 \sin (B+C)} \end{array} \right\} \ldots (21)$$

Donc la surface d'un triangle est égale au carré d'un côté multiplié par le produit des sinus des angles adjacents à ce côté et divisé par le double du sinus de leur somme.

44. On donne les trois côtés.

Pour obtenir la surface en fonction des trois côtés, il faut chercher la valeur de $\sin C$ en fonction des côtés et la substituer dans la formule (20).

Or d'après le n° 37 on a d'abord $\sin C = 2 \sin \frac{C}{2} \cos \frac{C}{2}$

et d'après le n° 42 on a aussi

$$\sin\frac{C}{2}=\sqrt{\frac{(p-a)(p-b)}{ab}} \quad \text{et} \quad \cos\frac{C}{2}=\sqrt{\frac{p(p-c)}{ab}}$$

En mettant ces deux valeurs dans celle de Sin C on a

$$\sin C = 2\sqrt{\frac{(p-a)(p-b)}{ab}}\times\sqrt{\frac{p(p-c)}{ab}} = \frac{2}{ab}\sqrt{p(p-a)(p-b)(p-c)}.$$

En remplaçant ensuite Sin C par cette valeur dans (20) et supprimant le facteur 2ab au numérateur et au dénominateur, on a

$$ABC = \sqrt{p(p-a)(p-b)(p-c)} \quad \ldots \ldots (22)$$

46. Surface d'un quadrilatère.

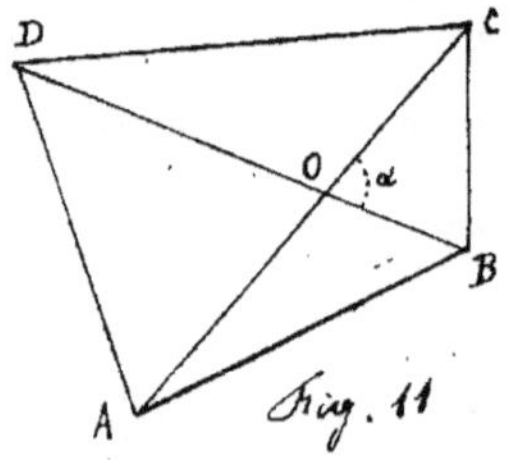

Fig. 11

La surface d'un quadrilatère peut être obtenue très-simplement en fonction de ses diagonales et de l'angle sous lequel elles se coupent.

Remarquons d'abord que l'angle obtus et l'angle aigu au point d'intersection O des diagonales (Fig. 11) étant supplémentaires leurs sinus sont égaux ; désignons l'angle aigu par α.

On a
$$\left.\begin{aligned} ABO &= AO\times BO\times\frac{\sin\alpha}{2}\\ BCO &= CO\times BO\times\frac{\sin\alpha}{2}\end{aligned}\right\}$$ d'où en additionnant membre à membre on tire $ABC = AC\times BO\times\frac{\sin\alpha}{2} \ldots (\gamma)$

$$\left.\begin{aligned} ADO &= AO\times DO\times\frac{\sin\alpha}{2}\\ CDO &= CO\times DO\times\frac{\sin\alpha}{2}\end{aligned}\right\} \ldots\ldots ACD = AC\times DO\times\sin\frac{\alpha}{2} \ldots (\delta)$$

Additionnant encore membre à membre les égalités (γ) et (δ) on obtient

$$ABCD = \frac{AC\times BD\times\sin\alpha}{2} \quad \ldots \quad (23)$$

Donc la surface d'un quadrilatère est égale au demi-produit des deux diagonales multiplié par le sinus de l'angle qu'elles forment entre elles.

Chapitre VII.

Problèmes sur la mesure des distances.

47. 1er Problème. — *Mesurer la distance de deux points inaccessibles, M, N* Fig. 12.

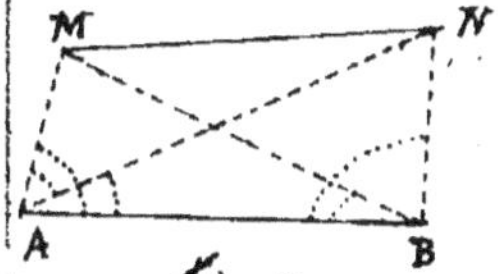

Fig 12

Supposons qu'on se trouve séparé de MN par une rivière par exemple. On chaîne sur le sol une droite quelconque AB des extrémités de laquelle on puisse apercevoir les points M, N : cette droite est appelée *base*. Avec le graphomètre placé en A on mesure les angles MAN, MAB et NAB, et en B on mesure les angles ABN et ABM.

Dans le triangle ABM on connaît la base AB et les angles MAB et MBA adjacents à cette base ; on pourra donc calculer AM (1er cas, n° 33).

Dans le triangle ABN on connaît la base AB et les deux angles NAB et NBA adjacents ; on pourra donc calculer AN. (1er cas).

Dans le triangle MAN on connaît ainsi les deux côtés AM et AN ; on connaît déjà l'angle MAN qui a été mesuré avec le graphomètre ; on pourra donc calculer le côté MN (3e cas, n° 41).

48. 2e Problème. — *Mesurer la hauteur du sommet M d'une colline au-dessus de la plaine* (Fig. 13).

Fig. 13

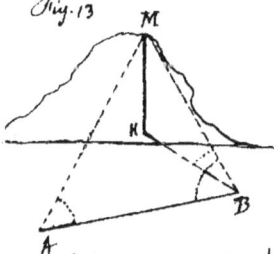

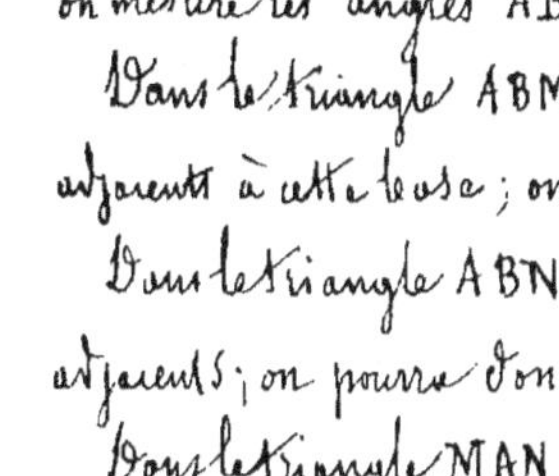

Soit MH la verticale abaissée du point M. On chaîne sur le sol une base quelconque AB ; en A on mesure l'angle MAB et en B l'angle MBA. En ce même point on mesure aussi l'angle formé dans un plan vertical par l'alidade mobile du graphomètre dirigée en M et l'alidade fixe du graphomètre placée dans une position horizontale BH.

Dans le triangle ABM on connaît le côté AB et les deux angles adjacents ; on peut donc calculer le côté BM. Or ce côté est l'hypoténuse du triangle rectangle BMH dans lequel on connaît encore l'angle MBH. On pourra donc calculer le côté MH (n° 27).

49. 3e Problème. — Trois points d'un terrain étant déjà marqués sur le plan de ce terrain, ou sur la carte du pays ; marquer sur ce plan ou sur cette carte la position d'un 4e point du terrain (Fig. 14).

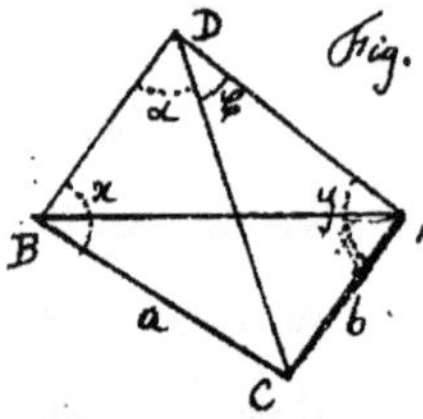

Fig. 14

Pour rendre le problème moins abstrait supposons qu'on ait découvert en mer un écueil que nous désignerons par D' dont on voudrait marquer la position sur la carte. On prendra sur la côte 3 points A', B', C' dont les positions sont déjà marquées sur la carte en A, B, C, et qui puissent être aperçus de D'. On se transportera en D' et de ce point on mesurera l'angle $B'D'C' = \alpha$, et l'angle $A'D'C' = \beta$. Il ne restera plus qu'à décrire sur BC dans la carte un segment de cercle capable de l'angle α, et sur AC un segment de cercle capable de l'angle β. Le point d'intersection D sera le point demandé.

Si l'on veut résoudre ce problème par la trigonométrie, ce qui revient à calculer les distances du point D' aux points A', B', C', il faut d'abord déterminer les angles DBC et DAC. Soit donc x l'angle DBC et y l'angle DAC.

La somme des angles du quadrilatère ACBD étant égale à 4 angles droits, on a déjà $x+y = 360° - (C+\alpha+\beta)$, en appelant C l'angle ACB. Il suffira donc de déterminer la différence $x-y$.

On a déjà (n° 40)

$$\frac{\operatorname{Tang}\frac{x-y}{2}}{\operatorname{Tang}\frac{x+y}{2}} = \frac{\sin x - \sin y}{\sin x + \sin y} \cdots (\theta).$$

De plus on a dans le triangle BCD (n° 30) $\frac{DC}{\sin x} = \frac{a}{\sin \alpha}$.

dans le triangle ACD --- $\frac{DC}{\sin y} = \frac{b}{\sin \beta}$

Divisant la 2e égalité par la 1re membre à membre on a

$$\frac{\sin x}{\sin y} = \frac{a \sin \beta}{b \sin \alpha} \quad \text{ou} \quad \frac{\sin x}{\sin y} = \frac{a}{\left(\frac{b \sin \alpha}{\sin \beta}\right)}.$$

En représentant par d la ligne $\frac{b \sin \alpha}{\sin \beta}$ on aura $\frac{\sin x}{\sin y} = \frac{a}{d}$.

Comme au n° 41 on tire de cette dernière égalité $\frac{\sin x - \sin y}{\sin x + \sin y} = \frac{a-d}{a+d}$.

Transportant cette valeur de $\frac{\sin x - \sin y}{\sin x + \sin y}$ dans l'égalité (θ) ci-dessus

on obtient $\frac{\operatorname{Tang} \frac{x-y}{2}}{\operatorname{Tang} \frac{x+y}{2}} = \frac{a-d}{a+d}$ d'où l'on tire pour calculer $\frac{x-y}{2}$

l'égalité $\operatorname{Tang} \frac{x-y}{2} = \frac{\operatorname{Tang} \frac{x+y}{2} \times (a-d)}{a+d}$

en y joignant l'égalité $d = \frac{b \sin \alpha}{\sin C}$.

Connaissant ainsi la somme et la différence des angles x, y on les obtiendra comme au n° 41. On calculera ensuite les distances du point D' aux points A', B', C' au moyen des triangles DBC, DBA dans lesquels on connaît un côté et deux angles.

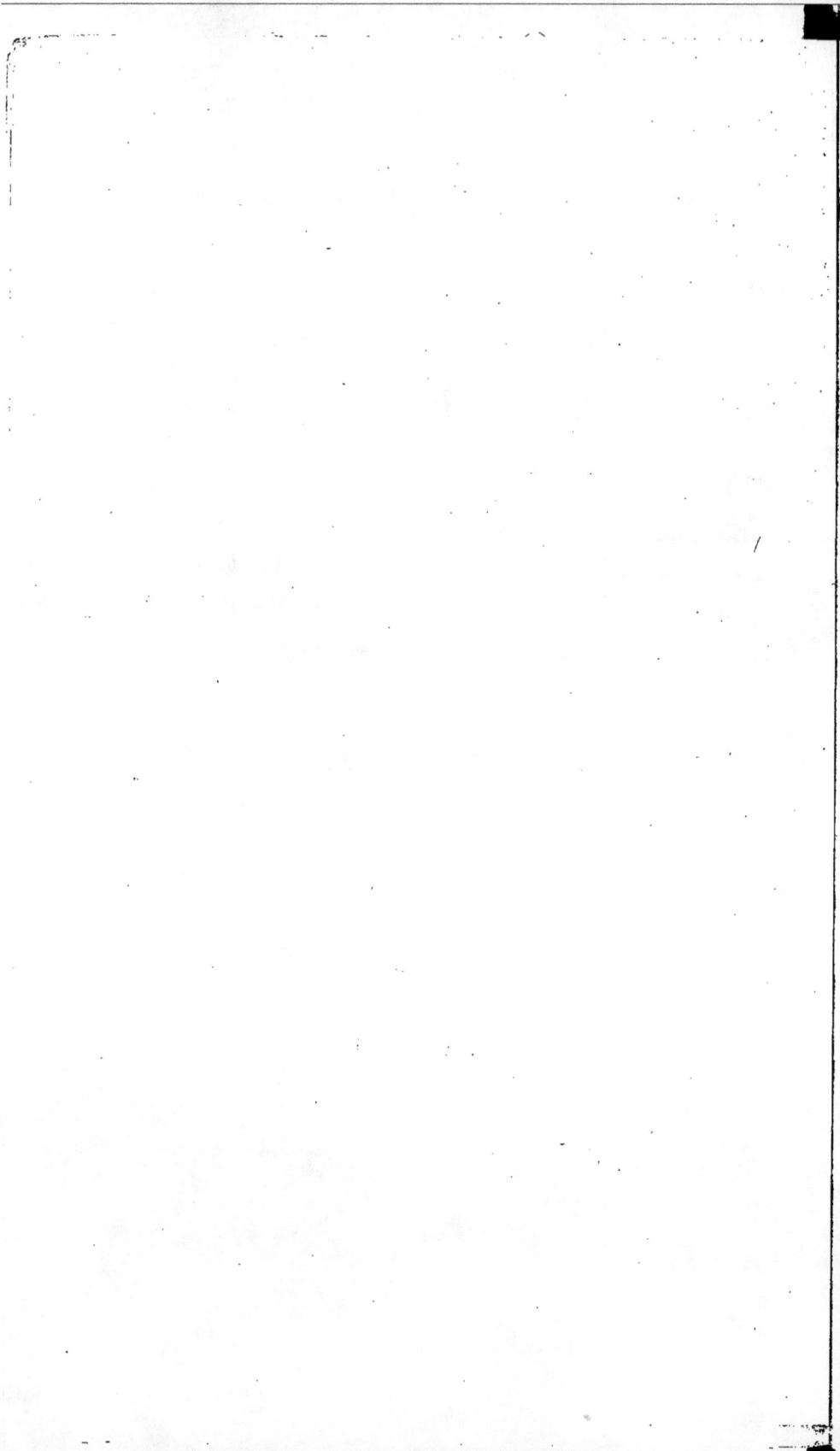

Deuxième partie.

Chapitre I.

Variations des lignes trigonométriques pour tous les arcs.

50. La grandeur des lignes trigonométriques dépendant de l'arc de circonférence, on les appelle pour cette raison fonctions circulaires. Elles ne sont pas seulement employées pour la résolution des triangles; elles sont encore d'un usage très-fréquent dans les diverses parties des mathématiques. Mais alors l'arc auquel elles correspondent n'est pas limité à 180°; il peut croître au-delà jusqu'à 360° et même contenir une ou plusieurs fois la circonférence plus une partie de la circonférence.

De plus dans ce qui précède les arcs ont toujours été comptés de A vers B, et il peut arriver qu'on ait à prendre un arc à partir de la même origine mais en sens inverse vers B'. Les deux directions étant contraires, ce dernier arc aura le signe −, et par conséquent les autres auront le signe +.

Nous allons donc étudier les valeurs des six lignes trigonométriques pour tous les arcs positifs > 180° et pour tous les arcs négatifs, en rappelant que la longueur de la ligne trigonométrique est toujours mesurée par rapport au rayon; que la tangente passe en A et la cotangente en B; que la sécante part du point O pour rencontrer la tangente passant par A et que la cosécante part du point O pour rencontrer la tangente menée en B.

Rappelons encore qu'on donne le signe + au sinus et à la tangente qui sont au-dessus de A'A, au cosinus et à la cotangente qui sont à droite de BB', à la sécante et à la cosécante qui passent par la 2e extrémité de l'arc ; qu'on donne le signe — au sinus et à la tangente qui sont au-dessous de A'A, au cosinus et à la cotangente qui sont à gauche de BB', à la sécante et à la cosécante quand leur prolongement seulement passe par la 2e extrémité de l'arc (Fig. 15).

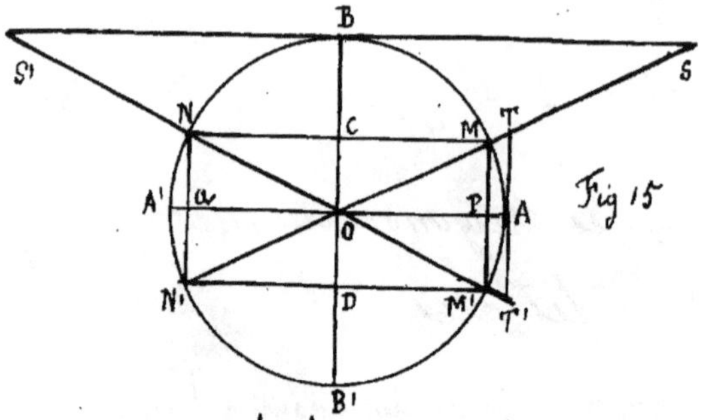

Fig 15

51. Soit l'arc ABN' > 180° et < 270°. Son sinus est $-N'a$; sa tangente est $+AT$ ou simplement AT, et sa sécante est $-OT$. Le cosinus est $-Oa$, la cotangente est $+BS$ ou BS et la cosécante est $-OS$.

On voit facilement que lorsque l'arc est compris entre 180° et 270° les valeurs des lignes trigonométriques sont comprises entre les limites suivantes :

Sinus de 0 à -1 ; Cosinus de -1 à 0.
Tangente de 0 à $+\infty$; Cotangente de $+\infty$ à 0
Sécante de -1 à $-\infty$; Cosécante de $-\infty$ à -1.

Si l'on désigne par α l'arc $AM < 90°$, l'arc ABN' est égal à $180°+\alpha$ et d'après l'égalité des triangles rectangles de la figure on voit facilement qu'on a : $\sin(180°+a) = -\sin\alpha$; $\cos(180°+\alpha) = -\cos\alpha$

$\text{Tang}(180°+a) = \text{Tang}.\alpha$; $\text{Cotg}.(180°+a) = \text{Cotg}.\alpha$

$\text{Séc}.(180°+a) = -\text{Séc}.\alpha$; $\text{Coséc}.(180+a) = -\text{Coséc}.\alpha$

2°. Soit ABA'M' > 270° et < 360°.

Son sinus est $-M'P$; sa tangente $-AT'$ et la sécante est $+OT'$ ou OT'. Le cosinus est OP, la cotangente est $-BS'$ et la cosécante $-OS'$. Les valeurs de ces lignes sont comprises entre les limites suivantes :

Sinus de -1 à 0 Cosinus de 0 à 1
Tangente de $-\infty$ à 0 Cotangente de 0 à $-\infty$
Sécante de $+\infty$ à 1 Cosécante de -1 à $-\infty$.

L'arc ABA'M' étant égal à $360°-\alpha$ on voit qu'on a :

$\sin(360°-\alpha) = -\sin\alpha$ $\cos(360°-\alpha) = \cos.\alpha$

$\text{Tang}.(360°-a) = -\text{Tang}\,\alpha$ $\text{Cotg}.(360°-a) = \text{Cotg}.\alpha$

$\text{Séc}(360°-a) = \text{Séc}.a$ $\text{Coséc}.(360°-a) = -\text{Coséc}.\alpha$.

3° Si à un arc quelconque < 360°, on ajoute un nombre entier quelconque de circonférences, le nouvel arc se terminera au même point que le premier; donc les lignes trigonométriques de ces deux arcs sont les mêmes.

Si à l'arc < 360° on ajoute un nombre impair de demi-circonférences les lignes trigonométriques du 2e arc sont les mêmes que pour le premier avec des signes contraires, excepté la tangente et la Cotangente qui conservent le même signe.

Si l'on veut chercher une ligne trigonométrique d'un arc > 360°, par exemple Sin. 1345°, on retranche d'abord de cet arc 360° autant de fois que possible; il reste 265°: le sinus de 1345° est égal au sinus de 265°. Ce dernier arc étant compris entre 180° et 270° le sinus cherché est négatif; quant à sa valeur absolue elle est égale à celle de 265° − 180° = 85°. On trouve donc $\sin 1345° = -\sin 85°$.

4° Soit un arc négatif, AM' par exemple. Si l'on désigne par a l'arc positif AM qui lui est égal en valeur absolue, l'arc négatif sera représenté par $-a$, et on verra facilement qu'on a :

$$\sin(-a) = -\sin a \qquad \cos(-a) = \cos a$$
$$\tan(-a) = -\tan a \qquad \cot(-a) = -\cot a$$
$$\sec(-a) = \sec a \qquad \operatorname{cosec}(-a) = -\operatorname{cosec} a$$

Donc les lignes trigonométriques d'un arc négatif sont égales mais avec des signes contraires à celles de l'arc positif du même nombre de degrés; mais le cosinus et la sécante ont le même signe que pour l'arc positif.

51. Arcs correspondant à une ligne trigonométrique donnée.

Résolvons maintenant le problème suivant : une ligne trigonométrique étant donnée, trouver tous les arcs qui lui correspondent.

1° Sinus. — Soit $\frac{5}{9}$ par exemple la valeur du sinus d'un arc inconnu a. On prend sur OB à partir de O une longueur OC égale à 5 fois la 9e partie du rayon; par le point C on mène M'M parallèle à A'A et on a ainsi les deux arcs AM et ABM' qui ont le sinus donné. Si l'on désigne le plus petit par α, le second est égal à $180°-\alpha$ ou $\pi-\alpha$. Or à ce sinus correspondent encore tous les arcs qu'on obtient en ajoutant à α et à $\pi-\alpha$ un nombre entier quelconque de circonférences; car ils se terminent tous en M et en M'. Ces arcs forment les deux suites:

$$\alpha\ ;\ 2\pi-\alpha\ ;\ 4\pi-\alpha\ ;\ 6\pi-\alpha\ \ldots\ \text{etc}$$

$$\pi-\alpha\ ;\ 3\pi-\alpha\ ;\ 5\pi-\alpha\ ;\ 7\pi-\alpha\ \ldots\ \text{etc.}$$

Si l'on représente par n un nombre entier positif quelconque, les arcs de la première suite sont tous représentés par $2n\pi+\alpha$

et ceux de la 2e par . . . . $(2n+1)\pi-\alpha$.

Mais le sinus donné correspond encore aux arcs négatifs $ABM'=-2\pi+\alpha$, $AB'N=-\pi-\alpha$, et à tous les arcs négatifs qu'on obtient en ajoutant à ces deux arcs un nombre entier quelconque de circonférences négatives. Ces arcs forment les deux suites:

$$-2\pi+\alpha\ ;\ -4\pi+\alpha\ ;\ -6\pi+\alpha\ \ldots\ \text{etc.}$$

$$-\pi-\alpha\ ;\ -3\pi-\alpha\ ;\ -5\pi-\alpha\ \ldots\ \text{etc}$$

Les arcs de la 1re suite sont représentés par . . . $-2n\pi+\alpha$

et ceux de la 2e par . . . . $-(2n+1)\pi-\alpha$.

Or si l'on convient que n représente un nombre entier quelconque positif ou négatif, la formule $-2n\pi+\alpha$ sera contenue dans $2n\pi+\alpha$ et la seconde $-(2n+1)\pi-\alpha$ sera contenue dans $(2n+1)\pi-\alpha$.

Donc tous les arcs correspondant à un sinus donné sont exprimés par

$$\text{les formules : } \left.\begin{array}{l} 2n\pi+\alpha \\ (2n+1)\pi-\alpha \end{array}\right\} \text{ -- } (24)$$

dans lesquelles n est un nombre entier quelconque positif ou négatif α désignant le plus petit de ces arcs.

Remarque. — Si l'on additionne ensemble un arc de la 1re de ces deux formules et un arc de la 2e, la somme est un nombre impair de demi-circonférences; et si l'on retranche l'un de l'autre deux arcs de la 1re formule ou deux arcs de la 2e, leur différence est un nombre pair de demi-circonférences; donc deux arcs ont le même sinus quand leur somme est égale à un nombre impair de demi-circonférences, ou quand leur différence est égale à un nombre pair de demi-circonférences.

2° Cosinus. — Soit $\frac{5}{6}$ le cosinus d'un arc inconnu a.

On prend sur OA' à partir de O une longueur Oa égale à 5 fois la 6e partie du rayon et par a on mène N'N parallèle à B'B ; on a ainsi pour les arcs demandés l'arc $ABN = a$ et tous les arcs positifs qui se terminent en N, l'arc $ABN' = 2\pi - a$ et tous les arcs positifs terminés en N'. Ces arcs forment les deux suites : a ; $2\pi + a$; $4\pi + a$ .... etc

$$2\pi - a \,;\; 4\pi - a \,;\; 6\pi - a \ldots \text{ etc.}$$

et sont tous exprimés par la formule $2n\pi \pm a$ où n est un nombre entier positif quelconque.

Au cosinus donné correspondent encore l'arc négatif $AB'N' = -a$ et tous ceux qui se terminent en N', l'arc négatif $AB'N = -2\pi + a$ et tous ceux qui se terminent en N. Ces arcs forment les suites :

$$-a \,;\; -2\pi - a \,;\; -4\pi - a \ldots \text{ etc}$$

$$-2\pi + a \,;\; -4\pi + a \,;\; -6\pi + a \ldots \text{ etc}$$

et sont tous exprimés par la formule $-2n\pi \pm a$ où n est un nombre entier positif quelconque. Mais si dans $2n\pi \pm a$ on regarde n comme un nombre négatif aussi bien que positif, elle renfermera aussi la formule $-2n\pi \pm a$; donc tous les arcs correspondant à un cosinus donné sont représentés par la formule

$$2n\pi \pm a \quad \text{--}(25)$$

dans laquelle n est un nombre entier quelconque positif ou négatif, a désignant le plus petit de ces arcs.

Remarque. — Si l'on additionne ensemble un des arcs $2n\pi + a$ avec l'un des arcs $2n\pi - a$, la somme est un nombre pair de demi-circonférences ; et si l'on retranche l'un de l'autre deux des arcs $2n\pi + a$ ou deux des arcs $2n\pi - a$, la différence est un nombre pair de demi-circonférences ; donc deux arcs ont le même cosinus quand leur somme ou leur différence est égale à un nombre pair de demi-circonférences.

3° En suivant la même marche on trouvera aussi facilement

pour les arcs correspondant à une sécante donnée ... $2n\pi \pm a$
à une cosécante donnée .. $\begin{cases} 2n\pi + a \\ (2n+1)\pi - a \end{cases}$ (26)
à une tangente ou à une cotangente ... $n\pi + a$

51 – Des cinq formules fondamentales.

Les cinq formules (1) du n° 17 ont été établies pour des arcs < 180°; elles n'en sont pas moins vraies pour un arc quelconque. En effet quel que soit cet arc, ses lignes trigonométriques formeront toujours les mêmes triangles rectangles, et on en déduira les mêmes relations, pourvu qu'on donne à chaque ligne trigonométrique le signe qui lui appartient.

Quand on connaîtra une des lignes trigonométriques d'un arc, on pourra toujours au moyen de ces formules déterminer les cinq autres.

Soit par exemple $\tan a = K$, on pourra trouver $\sin a$ et $\cos a$.

Pour cela on prend les équations $\sin^2 a + \cos^2 a = 1$

$$\frac{\sin a}{\cos a} = K$$

En les résolvant comme à l'ordinaire on en tire:

$$\sin a = \pm \frac{K}{\sqrt{1+K^2}} \qquad \cos a = \pm \frac{1}{\sqrt{1+K^2}}.$$

Remarquons que pour une tangente donnée K on trouve deux sinus égaux et de signes contraires, et de même deux cosinus. En effet la tangente K correspondant non pas seulement à l'arc a mais à tous les arcs exprimés par la formule (26) $n\pi + a$, on doit obtenir les sinus de tous ces arcs, c. à d. $\sin(n\pi + a)$.

Soit donc $AT = K$; l'arc AM est l'arc a.

pour n pair et >0 on a $\sin(n\pi+a) = \sin a = MP$
pour n impair et >0 ... $\sin(n\pi+a) = \sin(\pi+a) = -N'a$
pour n impair et <0 ... $\sin(n\pi+a) = \sin(-\pi+a) = -N'a$
pour n pair et <0 ... $\sin(n\pi+a) = \sin a = MP$

} en ôtant à l'arc $n\pi+a$ un nombre pair de demi-circonférences.

La même observation s'applique à $\cos a$.

Chapitre II.

54. Généralisation des formules qui donnent les sinus et cosinus de la somme et de la différence de deux arcs.

Les formules du n° 36 ont été établies pour deux arcs positifs a et b formant une somme $a+b < 90°$, et l'arc b étant plus petit que l'arc a. Par des constructions semblables faites sur deux arcs quelconques on pourrait prouver qu'on obtiendra toujours les mêmes relations. Mais il vaut mieux employer les raisonnements suivants pour démontrer que ces formules sont générales. Nous ne parlerons d'abord que des deux formules qui donnent $\sin(a+b)$ et $\cos(a+b)$.

1° Démontrons d'abord que ces formules conviennent à deux arcs u et v dont la somme $u+v$ est $> 90°$ et $< 180°$, chacun de ces arcs étant $< 90°$.

En effet soient u' et v' les compléments de u et v ; on aura

$u' = 90°-u$; $v' = 90°-v$ et $u'+v' < 90°$.

Les arcs u' et v' étant dans le cas pour lequel les formules ont été démontrées, on a

$$\sin(u'+v') = \sin u' \cos v' + \sin v' \cos u'$$
$$\cos(u'+v') = \cos u' \cos v' - \sin u' \cos v'$$

Remplaçons u' par $90°-u$ et v' par $90°-v$ pour éliminer u' et v' et amener dans les formules les arcs u et v ; nous obtenons :

$$\sin(180°-(u+v)) = \sin(90°-u)\cos(90°-v) + \sin(90°-v)\cos(90°-u)$$
$$\cos(180°-(u+v)) = \cos(90°-u)\cos(90°-v) - \sin(90°-u)\sin(90°-v)$$

Or on sait (n° 7) qu'on a : $\sin(180°-(u+v)) = \sin(u+v)$ et $\cos(180°-(u+v)) = -\cos(u+v)$ et que $\sin(90°-u) = \cos u$, etc. Les deux égalités précédentes deviennent donc

$$\sin(u+v) = \cos u \sin v + \cos v \sin u$$
$$-\cos(u+v) = \sin u \sin v - \cos u \cos v$$

ou $$\left\{\begin{array}{l}\sin(u+v) = \sin u \cos v + \sin v \cos u \\ \cos(u+v) = \cos u \cos v - \sin u \sin v\end{array}\right\} \text{— } (\alpha)$$

On voit par là que la règle exprimée par les formules (9) convient aussi à deux arcs u et v tous deux $< 90°$ et donnant une somme $u+v > 90°$.

2° Je dis maintenant que ces formules démontrées pour les deux arcs u et v

sont encore applicables si l'on augmente ces deux arcs d'un nombre quelconque de quadrans.

Augmentons d'abord u de $90°$ et soit $m = u + 90°$ d'où $u = m - 90°$.
Remplaçons u par $m - 90°$ dans les formules (x) ci-dessus ; nous aurons

$$\left.\begin{aligned} \sin(m+v-90°) &= \sin(m-90°)\cos v + \sin v \cos(m-90°) \\ \cos(m+v-90°) &= \cos(m-90°)\cos v - \sin(m-90°)\sin v \end{aligned}\right\} - (y)$$

Or d'après le n° 51, 4° on a

$$\sin(m+v-90°) = -\sin(90°-(m+v)) = -\cos(m+v)$$
$$\cos(m+v-90°) = \cos(90°-(m+v)) = \sin(m+v)$$
$$\sin(m-90°) = -\sin(90°-m) = -\cos m.$$
$$\cos(m-90°) = \cos(90°-m) = \sin m$$

En substituant ces valeurs dans les égalités (y) on obtient

$$-\cos(m+v) = -\cos m \cos v + \sin v \sin m$$
$$\sin(m+v) = \sin m \cos v - (-\cos m \sin v)$$

ou en changeant les signes de la 1re et effectuant la soustraction dans la 2e

on a $\quad \cos(m+v) = \cos m \cos v - \sin m \sin v$

$$\sin(m+v) = \sin m \cos v + \sin v \cos m,$$

c'est là ce qu'on voulait démontrer.

Il est évident que dans ces deux dernières égalités on pourra encore augmenter l'arc m d'un quadran, puis d'un second quadran, etc, et faire la même chose pour l'arc v ; donc les formules

$$\sin(a+b) = \sin a \cos b + \sin b \cos a$$
$$\cos(a+b) = \cos a \cos b - \sin a \sin b$$

sont vraies quels que soient les arcs positifs a et b.

3° Je dis maintenant que les deux formules (9) pour $\sin(a-b)$ et $\cos(a-b)$ sont vraies aussi quels que soient les arcs a et b.

En effet soit $b > a$. On peut ajouter à b un nombre entier positif de circonférences $2n\pi$ assez grand pour que l'arc $2n\pi - b$ soit positif. Alors les deux arcs a et $2n\pi - b$ étant positifs, les formules relatives à la somme de deux arcs leur sont applicables et on a

$$\sin(a + 2n\pi - b) = \sin a \cos(2n\pi - b) + \sin(2n\pi - b)\cos a$$
$$\cos(a + 2n\pi - b) = \cos a \cos(2n\pi - b) - \sin a \sin(2n\pi - b)$$

Or on peut ôter un nombre entier de circonférences à un arc sans que ses lignes trigonométriques soient altérées ; on aura donc :

$$\sin(a+2n\pi-b) = \sin(a-b) \qquad \cos(a+2n\pi-b) = \cos(a-b)$$

$$\sin(2n\pi-b) = \sin(-b) = -\sin b \qquad \cos(2n\pi-b) = \cos(-b) = \cos b$$

En mettant ces valeurs dans les deux égalités précédentes, on a

$$\sin(a-b) = \sin a \cos b - \sin b \cos a$$

$$\cos(a-b) = \cos a \cos b + \sin a \sin b$$

ce qui démontre la question.

4° Ces deux dernières formules conviennent aussi au cas où les arcs seraient tous deux négatifs.

En effet on a $\sin(-a-b) = -\sin(a+b) = -\sin a \cos b - \sin b \cos a$

Or on a aussi $-\sin a = \sin(-a) \qquad \cos b = \cos(-b)$

$$-\sin b = \sin(-b) \qquad \cos a = \cos(-a)$$

donc en substituant ces valeurs dans l'égalité précédente on aura

$$\sin(-a-b) = \sin(-a)\cos(-b) + \sin(-b)\cos(-a)$$

on aurait aussi $\cos(-a-b) = \cos(-a)\cos(-b) - \sin(-a)\sin(-b)$.

On voit par là que pour obtenir le sinus et le cosinus de la somme de deux arcs négatifs, on doit suivre les mêmes règles que lorsque les arcs sont positifs.

55. Nouvelle démonstration pour ces formules.

Fig. 16

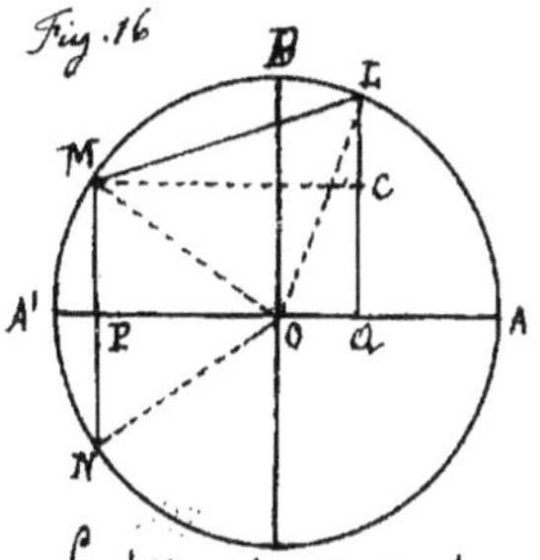

Soient deux arcs quelconques $ABM = a$ (Fig. 16) et $AL = b$, on aura $ML = a - b$. Abaissons MP et LQ perpendiculaires sur $A'A$, CM perpendiculaire sur LQ et menons les rayons OM et OL. On a $MP = \sin a$; $LQ = \sin b$; $OQ = \cos b$ et $-OP = \cos a$ d'où $OP = -\cos a$.

Le triangle MOL donne (n° 31) $\overline{ML}^2 = \overline{OM}^2 + \overline{OL}^2 - 2 MO \times LO \times \cos MOL$

ou $\overline{ML}^2 = 2 - 2\cos(a-b)$ . ...(2)

Le triangle rectangle MCL donne aussi

$$\overline{ML}^2 = \overline{MC}^2 + \overline{CL}^2 = (PO+OQ)^2 + (LQ-CQ)^2$$

ou $\overline{ML}^2 = (-\cos a + \cos b)^2 + (\sin b - \sin a)^2$

$$\overline{ML}^2 = \cos^2 a + \cos^2 b - 2\cos a \cos b + \sin^2 b + \sin^2 a - 2\sin a \sin b$$

et comme $\cos^2 a + \sin^2 a = 1$ et que $\cos^2 b + \sin^2 b = 1$

on a $\overline{ML}^2 = 2 - 2\cos a \cos b - 2\sin a \sin b \ldots \quad (t)$

Des égalités (z) et (t) on tire

$$2 - 2\cos(a-b) = 2 - 2\cos a \cos b - 2\sin a \sin b$$

ou en simplifiant $\cos(a-b) = \cos a \cos b + \sin a \sin b$.

Pour en déduire $\cos(a+b)$ il suffit d'y remplacer l'arc b par l'arc $-b$, on a alors . . . $\cos(a+b) = \cos a \cos b - \sin a \sin b$.

Pour en tirer $\sin(a-b)$ il faut remarquer que $\sin(a-b) = \cos((90°-a)+b)$ et en développant le cosinus de la somme des deux arcs $90°-a$ et b, on a

$$\sin(a-b) = \cos(90°-a)\cos b - \sin(90°-a)\sin b$$

ou

$$\sin(a-b) = \sin a \cos b - \cos a \sin b$$

En remplaçant dans cette dernière b par $-b$ on obtient

$$\sin(a+b) = \sin a \cos b + \cos a \sin b$$

Remarque. — Il y a un cas où la démonstration précédente semble en défaut ; c'est celui où les extrémités des deux arcs seraient sur une même droite perpendiculaire à l'un des diamètres A'A, B'B, comme les arcs ABN et ABM. Dans ce cas l'arc $a-b$ est l'arc MA'N et l'on a encore comme précédemment au moyen du triangle MON

$$\overline{MN}^2 = 2 - 2\cos(a-b).$$

Mais le triangle rectangle n'existe plus. Pour avoir la 2e valeur de $\overline{MN}^2$, on remarque que $MN = MP + PN = \sin b - \sin a$

donc on a $\overline{MN}^2 = \sin^2 b + \sin^2 a - 2\sin a \sin b$

ou $\overline{MN}^2 = 1 - \cos^2 b + 1 - \cos^2 a - 2\sin a \sin b = 2 - \cos^2 a - \cos^2 b - 2\sin a \sin b$

ou comme $\cos a$ est égal à $\cos b$

$$\overline{MN}^2 = 2 - 2\cos a \cos b - 2\sin a \sin b$$

56. Tangente de la somme et de la différence de deux arcs.

Des formules (g) on peut tirer facilement $\tan(a+b)$ et $\tan(a-b)$ en fonction de $\tan a$ et de $\tan b$.

En effet on a $\text{Tang}(a+b) = \frac{\text{Sin}(a+b)}{\text{Cos}(a+b)} = \frac{\text{Sin}\,a\,\text{Cos}\,b + \text{Sin}\,b\,\text{Cos}\,a}{\text{Cos}\,a\,\text{Cos}\,b - \text{Sin}\,a\,\text{Sin}\,b}$

Divisant le n^r. et le d^r. par $\text{Cos}\,a\,\text{Cos}\,b$, on a

$$\text{Tang}(a+b) = \frac{\frac{\text{Sin}\,a\,\text{Cos}\,b}{\text{Cos}\,a\,\text{Cos}\,b} + \frac{\text{Sin}\,b\,\text{Cos}\,a}{\text{Cos}\,a\,\text{Cos}\,b}}{\frac{\text{Cos}\,a\,\text{Cos}\,b}{\text{Cos}\,a\,\text{Cos}\,b} - \frac{\text{Sin}\,a\,\text{Sin}\,b}{\text{Cos}\,a\,\text{Cos}\,b}} = \frac{\frac{\text{Sin}\,a}{\text{Cos}\,a} + \frac{\text{Sin}\,b}{\text{Cos}\,b}}{1 - \frac{\text{Sin}\,a}{\text{Cos}\,a} \times \frac{\text{Sin}\,b}{\text{Cos}\,b}}$$

et $\text{Tang}(a+b) = \frac{\text{Tang}\,a + \text{Tang}\,b}{1 - \text{Tang}\,a\,\text{Tang}\,b}$

On aurait aussi $\text{Tang}(a-b) = \frac{\text{Tang}\,a - \text{Tang}\,b}{1 + \text{Tang}\,a\,\text{Tang}\,b}$ — (27)

57. Multiplication des arcs.

Nous avons vu (n° 37) qu'en faisant $b = a$ dans les égalités $\text{Sin}(a+b)$ et $\text{Cos}(a+b)$ on trouve

$$\text{Sin}\,2a = 2\,\text{Sin}\,a\,\text{Cos}\,a$$
$$\text{Cos}\,2a = \text{Cos}^2 a - \text{Sin}^2 a.$$

Pour avoir $\text{Sin}\,3a$ et $\text{Cos}\,3a$ il suffirait de remplacer b par $2a$ ce qui donnerait

$$\text{Sin}\,3a = \text{Sin}\,a\,\text{Cos}\,2a + \text{Sin}\,2a\,\text{Cos}\,a$$
$$\text{Cos}\,3a = \text{Cos}\,a\,\text{Cos}\,2a - \text{Sin}\,a\,\text{Sin}\,2a$$

En remplaçant ensuite $\text{Sin}\,2a$ et $\text{Cos}\,2a$ par leurs valeurs en fonction de $\text{Sin}\,a$ dans la 1re de ces deux égalités et en fonction de $\text{Cos}\,a$ dans la 2e on obtient

$$\text{Sin}\,3a = 3\,\text{Sin}\,a - 4\,\text{Sin}^3 a$$
$$\text{Cos}\,3a = 4\,\text{Cos}^3 a - 3\,\text{Cos}\,a$$

On arriverait de la même manière à trouver $\text{Sin}\,4a$, $\text{Cos}\,4a$ etc.

Si l'on fait $b = a$ dans la 1re des formules (27) on obtient

$$\text{Tang}\,2a = \frac{2\,\text{Tang}\,a}{1 - \text{Tang}^2 a} \quad \text{— (28)}$$

Chapitre III.
Division des arcs.

58. On a trouvé (n°38) pour $\sin\frac{a}{2}$ et $\cos\frac{a}{2}$ en fonction de $\cos a$ les expressions très-simples

$$\sin\frac{a}{2} = \pm\sqrt{\frac{1-\cos a}{2}} \qquad \cos\frac{a}{2} = \pm\sqrt{\frac{1+\cos a}{2}}$$

Quand il s'agissait seulement de la résolution des triangles, on a fait observer qu'on ne devait prendre que la valeur positive du radical. Mais en conservant à cette question toute sa généralité, on voit qu'il y a pour $\sin\frac{a}{2}$ et pour $\cos\frac{a}{2}$ deux valeurs égales et de signes contraires. Il est facile de se rendre compte de l'existence de ces deux solutions.

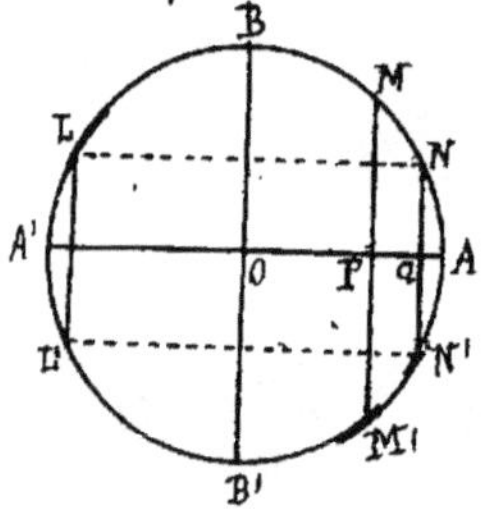

Fig. 17

En effet soit $OP = \cos a$ qui est le cosinus donné, et MM' perpendiculaire à OA. L'arc a correspondant au cosinus donné est l'un des arcs

$AM = \alpha\ ;\ 2\pi+\alpha\ ;\ 4\pi+\alpha\ \ldots\ldots$

$ABM' = 2\pi-\alpha\ ;\ 4\pi-\alpha\ ;\ 6\pi-\alpha\ \ldots\ldots$

$AM' = -\alpha\ ;\ -2\pi-\alpha\ ;\ -4\pi-\alpha\ \ldots\ldots$

$AB'M = -2\pi+\alpha\ ;\ -4\pi+\alpha\ ;\ -6\pi+\alpha\ \ldots$

lesquels sont tous contenus dans la formule $2n\pi \pm \alpha$ où n est un nombre entier quelconque positif ou négatif (n° 52, 2°).

Soit maintenant $AN = \frac{1}{2}AM$ et $AN' = \frac{1}{2}AM'$. L'équation $\sin\frac{a}{2} = \pm\sqrt{\frac{1-\cos a}{2}}$ ne doit pas donner seulement $\sin\frac{\alpha}{2}$ qui est $Na = +\sqrt{\frac{1-\cos a}{2}}$, mais encore le sinus de la moitié de tous les arcs représentés par $2n\pi \pm \alpha$, c.à dire $\sin\left(n\pi \pm \frac{\alpha}{2}\right)$.

Or si l'on fait n égal à un nombre entier pair positif ou négatif, les sinus de tous les arcs ainsi obtenus sont égaux à

$$\sin\frac{\alpha}{2} = Na = +\sqrt{\frac{1-\cos a}{2}}, \text{ et à } \sin\left(-\frac{\alpha}{2}\right) = -Na = -\sqrt{\frac{1-\cos a}{2}}$$

car on peut ôter un nombre pair de circonférences à un arc sans que son sinus change.

Si l'on fait n égal à un nombre entier impair positif ou négatif

$n\pi \pm \frac{\alpha}{2}$ contient un nombre entier de circonférences qu'on peut supprimer, plus $\pm \pi \pm \frac{\alpha}{2}$; par conséquent les sinus de tous ces arcs sont les mêmes que

$$\sin\left(\pm\pi + \frac{\alpha}{2}\right) = -\sin\frac{\alpha}{2} = -N'a = -\sqrt{\frac{1-\cos\alpha}{2}}$$

$$\sin\left(\pm\pi - \frac{\alpha}{2}\right) = \sin\frac{\alpha}{2} = +N'a = +\sqrt{\frac{1-\cos\alpha}{2}}$$

Ainsi quoiqu'il y ait une infinité d'arcs correspondant au cosinus donné il n'y a que deux valeurs pour les sinus de la moitié de tous ces arcs.

On répèterait la même démonstration pour $\cos\frac{\alpha}{2}$.

59. Chercher $\sin\frac{a}{2}$ et $\cos\frac{a}{2}$ en fonction de $\sin a$.

On sait que le sinus du double d'un arc égale le double produit du sinus de cet arc par son cosinus, et que la somme des carrés du sinus et du cosinus d'un arc égale 1 ; on a donc les équations : $2\sin\frac{a}{2}\cos\frac{a}{2} = \sin a$

$$\sin^2\frac{a}{2} + \cos^2\frac{a}{2} = 1$$

et en représentant pour plus de simplicité $\sin\frac{a}{2}$ par x et $\cos\frac{a}{2}$ par y

$$2xy = \sin a$$
$$x^2+y^2 = 1$$

En additionnant membre à membre on obtient $x^2+y^2+2xy = 1+\sin a$

d'où $x+y = \pm\sqrt{1+\sin a}$

En retranchant la 1re de la 2e on a . . . . . $x^2+y^2-2xy = 1-\sin a$

d'où $x-y = \pm\sqrt{1-\sin a}$

Connaissant ainsi la somme et la différence des inconnues x et y on a

$$\left.\begin{aligned} x &= \pm\tfrac{1}{2}\sqrt{1+\sin a} \pm\tfrac{1}{2}\sqrt{1-\sin a} \\ y &= \pm\tfrac{1}{2}\sqrt{1+\sin a} \mp\tfrac{1}{2}\sqrt{1-\sin a} \end{aligned}\right\} (29)$$

On obtient ainsi pour $\sin\frac{a}{2}$ et pour $\cos\frac{a}{2}$ quatre valeurs qui sont égales deux à deux et de signes contraires. C'est ce que met en évidence le tableau suivant où l'on a séparé les racines en mettant sur la même ligne les valeurs de $\sin\frac{a}{2}$ et de $\cos\frac{a}{2}$ qui se correspondent.

$$\sin'\frac{a}{2} = +\frac{1}{2}\left(\sqrt{1+\sin a} + \sqrt{1-\sin a}\right) \qquad \cos'\frac{a}{2} = +\frac{1}{2}\left(\sqrt{1+\sin a} - \sqrt{1-\sin a}\right)$$

$$\sin''\frac{a}{2} = -\frac{1}{2}\left(\sqrt{1+\sin a} + \sqrt{1-\sin a}\right) \qquad \cos''\frac{a}{2} = -\frac{1}{2}\left(\sqrt{1+\sin a} - \sqrt{1-\sin a}\right)$$

$$\sin'''\frac{a}{2} = +\frac{1}{2}\left(\sqrt{1+\sin a} - \sqrt{1-\sin a}\right) \qquad \cos'''\frac{a}{2} = +\frac{1}{2}\left(\sqrt{1+\sin a} + \sqrt{1-\sin a}\right)$$

$$\sin^{IV}\frac{a}{2} = -\frac{1}{2}\left(\sqrt{1+\sin a} - \sqrt{1-\sin a}\right) \qquad \cos^{IV}\frac{a}{2} = -\frac{1}{2}\left(\sqrt{1+\sin a} + \sqrt{1-\sin a}\right)$$

On voit de plus que les quatre valeurs de $\sin\frac{a}{2}$ sont les mêmes que celles de $\cos\frac{a}{2}$. Nous allons voir qu'en effet il en devait être ainsi.

Les équations doivent donner le sinus et le cosinus de la moitié de tous les arcs correspondant à la valeur donnée $\sin a$, c.à.d. de la moitié de tous les arcs représentés par les formules 24 du n° 52 : $2n\pi + a$; $(2n+1)\pi - a$ dans lesquelles n désigne un nombre entier quelconque positif ou négatif. On doit donc obtenir :

$$\sin\left(n\pi + \frac{a}{2}\right) \quad \text{et} \quad \cos\left(n\pi + \frac{a}{2}\right)$$

$$\sin\left(n\pi + \frac{\pi - a}{2}\right) \quad \text{et} \quad \cos\left(n\pi + \frac{\pi - a}{2}\right)$$

En raisonnant comme dans le problème précédent (n° 58), on voit facilement qu'on a :

$$\sin\left(n\pi + \frac{a}{2}\right) = \begin{cases} \sin\frac{a}{2} & \text{pour } n \text{ pair ou } n = 0 \\ -\sin\frac{a}{2} & \text{pour } n \text{ impair} \end{cases}$$

$$\sin\left(n\pi + \frac{\pi - a}{2}\right) = \begin{cases} \sin\frac{\pi - a}{2} & \text{pour } n \text{ pair ou } n = 0 \\ \sin\left(\pi + \frac{\pi - a}{2}\right) = -\sin\left(\frac{\pi - a}{2}\right) & \text{pour } n \text{ impair.} \end{cases}$$

$$\cos\left(n\pi + \frac{a}{2}\right) = \begin{cases} \cos\frac{a}{2} & \text{pour } n \text{ pair ou } n = 0 \\ -\cos\frac{a}{2} & \text{pour } n \text{ impair.} \end{cases}$$

$$\cos\left(n\pi + \frac{\pi - a}{2}\right) = \begin{cases} \cos\frac{\pi - a}{2} & \text{pour } n \text{ pair ou } n = 0 \\ \cos\left(\pi + \frac{\pi - a}{2}\right) = -\cos\frac{\pi - a}{2} & \text{pour } n \text{ impair.} \end{cases}$$

De plus comme les arcs $\frac{a}{2}$ et $\frac{\pi - a}{2}$ sont complémentaires, on a encore : $\sin\frac{a}{2} = \cos\frac{\pi - a}{2}$ et $\sin\frac{\pi - a}{2} = \cos\frac{a}{2}$.

On retrouve ainsi les mêmes résultats qu'on avait obtenus en résolvant les équations.

Cette discussion n'offre aucune difficulté si l'on se rappelle que le sinus et le cosinus d'un arc ne changent pas quand l'arc est diminué d'un nombre entier pair positif ou négatif de demi-circonférences, et que les valeurs de ces lignes ne font que changer de signe quand le nombre des demi-circonférences est impair. Dans ce dernier cas on peut supposer qu'on ôte d'abord le plus grand nombre pair de demi-circonférences ; il reste alors une demi-circonférence plus un arc $< \pi$.

Construction de ces racines. — Soit $OC = \sin\alpha$ (Fig. 18). Menons MM' parallèle à $A'A$ et prenons $AN = \frac{1}{2}AM$.

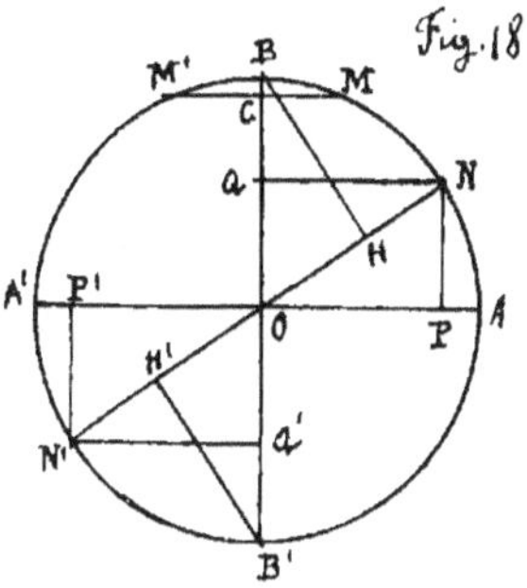

Fig. 18

Tous les arcs positifs ou négatifs qui correspondent au sinus donné sont, en désignant par α le plus petit de ces arcs qui est AM :

$$\left.\begin{matrix} AM = \alpha \\ ABM' = \pi - \alpha \end{matrix}\right\} \text{et} \left.\begin{matrix} \alpha \\ \pi-\alpha \end{matrix}\right\} + \text{un nombre entier de circonférences positives}$$

$$\left.\begin{matrix} AB'M = -2\pi+\alpha \\ AB'M' = -\pi-\alpha \end{matrix}\right\} \text{et} \left.\begin{matrix} -2\pi+\alpha \\ -\pi-\alpha \end{matrix}\right\} + \text{un nombre entier de circonférences négatives.}$$

On a donc à construire les sinus et cosinus des arcs suivants :

$$\left.\begin{matrix} \frac{\alpha}{2} \\ \frac{\pi-\alpha}{2} \end{matrix}\right\} \text{et} \left.\begin{matrix} \frac{\alpha}{2} \\ \frac{\pi-\alpha}{2} \end{matrix}\right\} + \text{un nombre entier de demi-circonférences positives}$$

$$\left.\begin{matrix} -\pi+\frac{\alpha}{2} \\ -\frac{\pi}{2}-\frac{\alpha}{2} \end{matrix}\right\} \text{et} \left.\begin{matrix} -\pi+\frac{\alpha}{2} \\ -\frac{\pi}{2}-\frac{\alpha}{2} \end{matrix}\right\} + \text{un nombre entier de demi-circonférences négatives.}$$

Les arcs $\frac{\alpha}{2}$ et $\frac{\alpha}{2}+n\pi$ (n étant un nombre entier quelconque positif), et les arcs $-\pi+\frac{\alpha}{2}$ et $-\pi+\frac{\alpha}{2}-n\pi$ se terminent tous en N et N' ; leurs sinus sont NP et $-N'P'$, et leurs cosinus sont OP et $-OP'$.

Si l'on prend le point N pour origine des arcs $\frac{\pi-\alpha}{2}$ et $\frac{\pi-\alpha}{2}+n\pi$ ($n\pi$ étant un nombre entier de demi-circonférences positives), et des arcs $-\frac{\pi}{2}-\frac{\alpha}{2}$ et $-\frac{\pi}{2}-\frac{\alpha}{2} \pm n\pi$, ces arcs se terminent tous en B et en B' ; leurs sinus sont BH et $-B'H'$, et leurs cosinus sont OH et $-OH'$.

Il est facile de démontrer ensuite que $NP = OH$; car NP est égal à Oa et les triangles rectangles ONa, OBH sont égaux. On verrait aussi que $BH = OP$; car OP est égal à aN. La construction géométrique fournit ainsi les quatre lignes NP, $-N'P'$, OP, $-OP'$ pour les sinus et cosinus de la moitié de tous les arcs correspondant à un sinus donné.

Remarque. — D'après ce qui précède, on voit que si l'on donne seulement la valeur du sinus d'un arc sans faire connaître cet arc, il y aura 4 solutions quand on cherchera le sinus de la moitié de l'arc correspondant. Mais si l'on donne en même temps le nombre de degrés de l'arc, alors il n'y a plus qu'une des quatre solutions qui convienne à la question. Il est facile de faire le choix.

D'abord d'après la valeur de l'arc donné a on saura si $\sin\frac{a}{2}$ est positif ou négatif. Si l'on trouve par exemple qu'il est positif, il restera à chercher quelle est celle des deux racines positives qu'il faut prendre. Or ces deux racines sont en même temps l'une le sinus de $\frac{a}{2}$ et l'autre le cosinus de $\frac{a}{2}$. Tout se réduira donc à savoir d'après la valeur de $\frac{a}{2}$ si le sinus doit être plus grand ou plus petit que le cosinus.

60. Chercher $\operatorname{Tang}\frac{a}{2}$ en fonction de $\operatorname{Tang} a$.

On a trouvé (n° 57) $\quad \operatorname{Tang} 2a = \dfrac{2\operatorname{Tang} a}{1-\operatorname{Tang}^2 a}$

on peut dans cette égalité remplacer l'arc a par l'arc $\frac{a}{2}$; on a alors

$$\operatorname{Tang} a = \frac{2\operatorname{Tang}\frac{a}{2}}{1-\operatorname{Tang}^2\frac{a}{2}}$$

ou en représentant par x la quantité inconnue $\operatorname{Tang}\frac{a}{2}$

$$\operatorname{Tang} a = \frac{2x}{1-x^2} \quad \text{ou} \quad x^2 - \frac{2}{\operatorname{Tang} a}x - 1 = 0$$

En résolvant cette équation du 2e degré on trouve

$$x = -\frac{1}{\operatorname{Tang} a} \pm \sqrt{1+\frac{1}{\operatorname{Tang}^2 a}}$$

Ainsi pour une tangente donnée on obtient deux valeurs pour la tangente de la moitié de l'arc correspondant à la première. Le terme -1 de l'équation montre que ces deux valeurs sont de signes contraires et que leur produit $=1$.

La discussion et la construction de ces deux racines se feraient comme dans le n° précédent ; elles seraient beaucoup plus simples.

61. Si l'on voulait obtenir $\sin\frac{a}{3}$, $\cos\frac{a}{3}$, $\operatorname{tang}\frac{a}{3}$ en fonction de $\sin a$, $\cos a$, $\operatorname{Tang} a$, on prendrait les égalités qui donnent $\sin 3a$, $\cos 3a$, $\operatorname{tang} 3a$,

et on y remplacerait a par $\frac{a}{3}$; mais on a alors à résoudre des équations du 3e degré.

Chapitre IV.

62. Transformation d'une somme ou d'une différence de lignes trigonométriques en un produit.

On a vu (n° 39) comment on peut transformer en un produit la somme et la différence d'un sinus et d'un cosinus. Cette transformation peut avoir lieu aussi simplement dans plusieurs cas. Nous allons voir les plus importants.

1° La somme et la différence de deux tangentes.

$$\text{On a: } \operatorname{Tang} a \pm \operatorname{Tang} b = \frac{\operatorname{Sin} a}{\operatorname{Cos} a} \pm \frac{\operatorname{Sin} b}{\operatorname{Cos} b} = \frac{\operatorname{Sin} a \operatorname{Cos} b \pm \operatorname{Sin} b \operatorname{Cos} a}{\operatorname{Cos} a \operatorname{Cos} b}$$

$$\text{ou } \operatorname{Tang} a \pm \operatorname{Tang} b = \frac{\operatorname{Sin}(a \pm b)}{\operatorname{Cos} a \operatorname{Cos} b}.$$

2° La somme et la différence de deux sécantes.

$$\text{On a: } \operatorname{Séc} a + \operatorname{Séc} b = \frac{1}{\operatorname{Cos} a} + \frac{1}{\operatorname{Cos} b} = \frac{\operatorname{Cos} a + \operatorname{Cos} b}{\operatorname{Cos} a \operatorname{Cos} b}$$

et en transformant la somme des deux cosinus on trouve

$$\operatorname{Séc} a + \operatorname{Séc} b = \frac{2 \operatorname{Cos} \frac{a+b}{2} \operatorname{Cos} \frac{a-b}{2}}{\operatorname{Cos} a \operatorname{Cos} b}$$

On trouverait de la même manière pour la différence

$$\operatorname{Séc} a - \operatorname{Séc} b = \frac{2 \operatorname{Sin} \frac{a+b}{2} \operatorname{Sin} \frac{a-b}{2}}{\operatorname{Cos} a \operatorname{Cos} b}.$$

3° La différence des carrés de deux sinus

$$\text{On a } \operatorname{Sin}^2 a - \operatorname{Sin}^2 b = (\operatorname{Sin} a + \operatorname{Sin} b) \times (\operatorname{Sin} a - \operatorname{Sin} b)$$

$$\text{ou } \operatorname{Sin}^2 a - \operatorname{Sin}^2 b = 2 \operatorname{Sin} \frac{a+b}{2} \operatorname{Cos} \frac{a-b}{2} \times 2 \operatorname{Sin} \frac{a-b}{2} \operatorname{Cos} \frac{a+b}{2}$$

$$\text{ou } \operatorname{Sin}^2 a - \operatorname{Sin}^2 b = 2 \operatorname{Sin} \frac{a+b}{2} \operatorname{Cos} \frac{a+b}{2} \times 2 \operatorname{Sin} \frac{a-b}{2} \operatorname{Cos} \frac{a-b}{2}$$

et en regardant les arcs $a+b$ et $a-b$ comme le double de $\frac{a+b}{2}$ et $\frac{a-b}{2}$

$$\sin^2 a - \sin^2 b = \sin(a+b)\,\sin(a-b).$$

4° La somme des tangentes des 3 angles d'un triangle.

L'angle C étant le supplément de la somme $A+B$, on a

$$\operatorname{Tang}(A+B) = -\operatorname{Tang} C \quad \text{ou} \quad \frac{\operatorname{Tang} A + \operatorname{Tang} B}{1 - \operatorname{Tang} A \operatorname{Tang} B} = -\operatorname{Tang} C$$

d'où ...

$$\operatorname{Tang} A + \operatorname{Tang} B + \operatorname{Tang} C = \operatorname{Tang} A \cdot \operatorname{Tang} B \operatorname{Tang} C.$$

5° La somme des sinus des 3 angles d'un triangle.

L'angle C étant le supplément de la somme $A+B$, on a

$$\sin A + \sin B + \sin C = \sin A + \sin B + \sin(A+B)$$

or

$$\sin A + \sin B = 2 \sin \frac{A+B}{2} \cos \frac{A-B}{2}$$

et en regardant $A+B$ comme le double de $\frac{A+B}{2}$ on a encore

$$\sin(A+B) = 2 \sin \frac{A+B}{2} \cos \frac{A+B}{2}$$

donc

$$\sin A + \sin B + \sin C = 2 \sin \frac{A+B}{2} \left(\cos \frac{A+B}{2} + \cos \frac{A-B}{2} \right)$$

en transformant la somme des deux cosinus et en remarquant que $\sin \frac{A+B}{2} = \cos \frac{C}{2}$

on a

$$\sin A + \sin B + \sin C = 4 \cos \frac{A}{2} \cos \frac{B}{2} \cos \frac{C}{2}.$$

6° Il est utile de remarquer la transformation suivante.

on a

$$\frac{\sin a + \sin b}{\cos a + \cos b} = \frac{2 \sin \frac{a+b}{2} \cos \frac{a-b}{2}}{2 \cos \frac{a+b}{2} \cos \frac{a-b}{2}}$$

d'où

$$\frac{\sin a + \sin b}{\cos a + \cos b} = \operatorname{Tang}\left(\frac{a+b}{2}\right).$$

63. Méthode générale de transformation d'une somme et d'une différence en un produit.

Il est quelquefois nécessaire de transformer en un produit ~~une somme~~ ou une différence de deux quantités quelconques $a+b$ ou $a-b$.

On réduit d'abord l'un des termes du binôme à 1 en multipliant et divisant le binôme par ce terme. On a ainsi : $a+b = a\left(1+\frac{b}{a}\right)$.

Or comme la tangente d'un angle peut prendre toutes les valeurs possibles quand l'angle varie de 0° à 180°, on peut regarder $\frac{b}{a}$ comme la valeur de la tangente d'un angle inconnu φ qu'on déterminera par l'égalité $\tang \varphi = \frac{b}{a}$.

On a ainsi : $a+b = a(1+\tang \varphi) = a\left(1+\frac{\sin\varphi}{\cos\varphi}\right)$

$$a+b = \frac{a}{\cos\varphi}(\cos\varphi + \sin\varphi) = \frac{a}{\cos\varphi}\left(\sin(90°-\varphi) + \sin\varphi\right)$$

$$a+b = \frac{a\sqrt{2}\,\cos(45°-\varphi)}{\cos\varphi}$$

S'il s'agissait d'un trinôme on le réduirait d'abord à un binôme en employant un 1er angle auxiliaire φ ; puis on transformerait ce binôme au moyen d'un 2e angle auxiliaire ψ. Mais la marche à suivre peut dans certains cas être plus ou moins modifiée suivant les quantités sur lesquelles on opère. Nous allons en voir des exemples dans le chapitre suivant.

Chapitre V.

Complément de la résolution des triangles.

64. Transformation d'une somme en un produit dans la résolution d'un triangle.

1° Quand on a voulu résoudre un triangle en connaissant deux côtés et l'angle compris entre eux, on a d'abord trouvé (n° 35) $c = \sqrt{a^2+b^2-2ab\cos C}$. Mais cette expression n'étant pas calculable par logarithmes, on a dû suivre une autre marche indiquée au n° 41.

Nous allons chercher à transformer cette expression du côté c en facteurs. Pour cela observons d'abord que si l'on pouvait isoler $2ab$ sous le radical, le trinôme a^2+b^2-2ab étant le carré de $(a-b)$, on n'aurait plus qu'un binôme sous le radical.

Or de l'égalité (11) $\sin\frac{C}{2} = \sqrt{\frac{1-\cos C}{2}}$ on tire $\cos C = 1 - 2\sin^2\frac{C}{2}$

En substituant cette valeur de $\cos C$ sous le radical de la valeur de c, on a

$$c = \sqrt{(a-b)^2 + 4ab\sin^2\frac{C}{2}}$$

Appliquant maintenant la méthode générale (n° 63) au binôme qui est sous le radical on a en faisant sortir du radical le facteur $(a-b)^2$

$$c = (a-b)\sqrt{1+\frac{4ab\,\sin^2\frac{C}{2}}{(a-b)^2}}$$

puis faisant $\dfrac{4ab\,\sin^2\frac{C}{2}}{(a-b)^2} = \tang^2\varphi$ on a

$$c = (a-b)\sqrt{1+\tang^2\varphi} = (a-b)\,\text{séc}\,\varphi = \frac{a-b}{\cos\varphi}$$

Ainsi on calculera d'abord l'angle φ ; et on cherchera ensuite c par la relation . . . $c = \dfrac{a-b}{\cos\varphi}$.

On a posé $\tang^2\varphi$ au lieu de $\tang\varphi$ pour $\dfrac{4ab\,\sin^2\frac{C}{2}}{(a-b)^2}$ parce qu'on a pu se débarrasser ainsi du radical.

Autre moyen. — On rend encore l'expression $c = \sqrt{a^2+b^2-2ab\cos C}$ calculable par logarithmes de la manière suivante.

On multiplie sous le radical a^2+b^2 par la somme $\cos^2\frac{C}{2}+\sin^2\frac{C}{2}$ qui est égale à 1, et on remplace $\cos C$ par sa valeur $\cos^2\frac{C}{2}-\sin^2\frac{C}{2}$. On a ainsi

$$c = \sqrt{(a^2+b^2)\left(\cos^2\frac{C}{2}+\sin^2\frac{C}{2}\right)-2ab\left(\cos^2\frac{C}{2}-\sin^2\frac{C}{2}\right)}$$

$$c = \sqrt{(a^2+b^2+2ab)\sin^2\frac{C}{2}+(a^2+b^2-2ab)\cos^2\frac{C}{2}}$$

$$c = \sqrt{(a+b)^2\sin^2\frac{C}{2}+(a-b)^2\cos^2\frac{C}{2}}$$

En appliquant au binôme qui est sous le radical la méthode (n° 63)

on a $c = (a+b)\sin\frac{C}{2}\sqrt{1+\dfrac{(a-b)^2\cos^2\frac{C}{2}}{(a+b)^2\sin^2\frac{C}{2}}}$

et faisant $\tang\varphi = \dfrac{(a-b)\cos\frac{C}{2}}{(a+b)\sin\frac{C}{2}} = \dfrac{(a-b)\cot g\frac{C}{2}}{(a+b)}$

on obtient $c = (a+b)\sin\frac{C}{2}\sqrt{1+\tang^2\varphi} = (a+b)\sin\frac{C}{2}\,\text{séc}\,\varphi$

et $c = \dfrac{(a+b)\sin\frac{C}{2}}{\cos\varphi}$

Ce résultat est précisément celui qu'on a obtenu au n° 41 en résolvant le triangle. En effet l'angle φ est égal à $\frac{A-B}{2}$; car on a $\operatorname{Tang}\frac{A-B}{2} = \frac{(a-b)\operatorname{Cotg}\frac{C}{2}}{a+b}$.

2° Dans le cas où l'on connaît deux côtés et l'angle opposé à l'un d'eux on a résolu le triangle (n° 34) en commençant par les angles. Si l'on avait voulu d'abord calculer le côté c on aurait dû employer l'égalité

$$a^2 = b^2 + c^2 - 2bc\operatorname{Cos}A \quad \text{ou} \quad c^2 - 2b\operatorname{Cos}A\cdot c + b^2 - a^2 = 0$$

d'où l'on tire $c = b\operatorname{Cos}A \pm \sqrt{b^2\operatorname{Cos}^2 A - b^2 + a^2}$

ou $c = b\operatorname{Cos}A \pm \sqrt{a^2 - b^2\operatorname{Sin}^2 A}$.

Pour rendre cette expression calculable par logarithmes, occupons-nous d'abord du radical.

D'après la méthode ordinaire on a $\sqrt{a^2 - b^2\operatorname{Sin}^2 A} = a\sqrt{1 - \frac{b^2\operatorname{Sin}^2 A}{a^2}}$.

Comme $\frac{b^2\operatorname{Sin}^2 A}{a^2}$ doit être < 1 sous le radical, afin que ce radical ne soit pas imaginaire, on peut regarder $\frac{b\operatorname{Sin}A}{a}$ comme le sinus d'un angle inconnu φ qu'on déterminera par l'égalité $\operatorname{Sin}\varphi = \frac{b\operatorname{Sin}A}{a}$.

En substituant $\operatorname{Sin}\varphi$ sous le radical on a

$$\sqrt{a^2 - b^2\operatorname{Sin}^2 A} = a\sqrt{1 - \operatorname{Sin}^2\varphi} = a\operatorname{Cos}\varphi$$

$$\text{d'où} \quad c = b\operatorname{Cos}A \pm a\operatorname{Cos}\varphi$$

or de l'égalité $\operatorname{Sin}\varphi = \frac{b\operatorname{Sin}A}{a}$ on tire $b = \frac{a\operatorname{Sin}\varphi}{\operatorname{Sin}A}$.

Remplaçant b par cette valeur dans la dernière expression de c, on a

$$c = \frac{a\operatorname{Sin}\varphi\operatorname{Cos}A \pm a\operatorname{Sin}A\operatorname{Cos}\varphi}{\operatorname{Sin}A} = \frac{a}{\operatorname{Sin}A}(\operatorname{Sin}\varphi\operatorname{Cos}A \pm \operatorname{Sin}A\operatorname{Cos}\varphi)$$

$$\text{et} \quad c = \frac{a\operatorname{Sin}(\varphi \pm A)}{\operatorname{Sin}A}$$

En comparant l'expression $b = \frac{a\operatorname{Sin}\varphi}{\operatorname{Sin}A}$ avec l'expression $b = \frac{a\operatorname{Sin}B}{\operatorname{Sin}A}$ du n° 34, on voit que l'angle auxiliaire φ n'est autre chose que l'angle B du triangle.

65. Discussion des formules qui donnent les angles d'un triangle en fonction des côtés.

On sait déjà par la géométrie qu'un triangle ne peut être construit avec trois côtés donnés que lorsque chaque côté est plus petit que la somme des deux autres. Il s'agit maintenant de tirer de l'algèbre les mêmes conditions.

Prenons la formule $\sin\frac{A}{2} = \sqrt{\frac{(p-b)(p-c)}{bc}}$

et cherchons quelle relation doit exister entre les côtés a, b, c pour que le triangle soit possible, ou ce qui est la même chose pour que la formule donne une valeur réelle pour $\sin\frac{A}{2}$.

Pour qu'il en soit ainsi il faut tout à la fois que la quantité placée sous le radical soit positive et que la valeur de ce radical soit moindre que 1, ce qu'on exprime ainsi :

$$\frac{(p-b)(p-c)}{bc} > 0 \quad \text{et} \quad \sqrt{\frac{(p-b)(p-c)}{bc}} < 1.$$

1° Le dénominateur bc étant essentiellement positif, le n[r] doit être aussi positif, ce qui exige qu'on ait

$$(1)\begin{cases} p-b>0 \\ p-c>0 \end{cases} \quad \text{ou} \quad (2)\begin{cases} p-b<0 \\ p-c<0 \end{cases}$$

Les conditions (1) reviennent à

$$\left.\begin{matrix} p>b \\ p>c \end{matrix}\right\} \text{ou} \left.\begin{matrix} \frac{a+b+c}{2}>b \\ \frac{a+b+c}{2}>c \end{matrix}\right\} \text{ou} \left.\begin{matrix} a+b+c>2b \\ a+b+c>2c \end{matrix}\right\} \text{ou} \begin{matrix} a+c>b \\ a+b>c \end{matrix}$$

Ainsi pour que le radical soit réel, il faut que chacun des côtés b et c soit plus petit que la somme des deux autres.

2° Il faut encore que ce radical soit < 1.

Cela aura lieu si l'on a $\frac{(p-b)(p-c)}{bc} < 1$ ou $(p-b)(p-c) < bc$

ou
$$\frac{a+c-b}{2} \times \frac{a+b-c}{2} < bc$$

ou
$$(a+c-b)\times(a+b-c) < 4bc$$

ou
$$a^2-(c-b)^2 < 4bc \quad \text{ou} \quad a^2-c^2-b^2+2bc < 4bc$$

ou
$$a^2 < b^2+c^2+2bc \quad \text{ou enfin} \quad a < b+c$$

On trouve ainsi que le 3e côté a doit encore être plus petit que la somme des deux autres. Ce sont les conditions que donne la géométrie.

2° Il semble que le triangle existera encore si l'on a

$$\left.\begin{matrix}(p-b)<0\\(p-c)<0\end{matrix}\right\}\text{ ou }\left.\begin{matrix}p<b\\p<c\end{matrix}\right\}\text{ ou }\left.\begin{matrix}\frac{a+b+c}{2}<b\\\frac{a+b+c}{2}<c\end{matrix}\right\}\text{ ou }\begin{matrix}b>a+c\\c>a+b\end{matrix}$$

Pour savoir si les deux conditions qu'on vient de trouver peuvent exister ensemble, mettons-les sous la forme suivante : $\begin{cases} b > a+c \\ b < c-a. \end{cases}$

Ces inégalités signifient que b devrait être à la fois plus grand que la somme des deux autres côtés et plus petit que leur différence, ce qui est évidemment impossible. Il n'y a donc pas d'autre condition de possibilité du triangle que la 1re.

La discussion se ferait de la même manière sur les formules qui donnent $\cos\frac{A}{2}$ et $\operatorname{tang}\frac{A}{2}$. Il faut seulement remarquer que pour $\operatorname{tang}\frac{A}{2}$ la valeur du radical n'est plus limitée à 1, puisqu'une tangente peut prendre toutes les valeurs possibles.

66. Résolution d'un triangle dont les 3 angles sont donnés.

On sait par la géométrie qu'un triangle est indéterminé quand on connaît seulement ses trois angles. On arrivera au même résultat si l'on cherche à résoudre le triangle par la trigonométrie. La question revient à chercher les 3 côtés, en connaissant les 3 angles.

Pour cela prenons les 3 équations du second degré

$$\begin{cases} a^2 = b^2+c^2-2bc\cos A & (1) \\ b^2 = a^2+c^2-2ac\cos B & (2) \\ c^2 = a^2+b^2-2ab\cos C & (3) \end{cases}$$

En additionnant membre à membre les équations (1) et (2); puis les équations (1) et (3), et enfin les équations (2) et (3) et faisant les réductions on obtient les 3 équations suivantes qui ne sont qu'au 1er degré

$$\begin{cases} c = a\cos B + b\cos A & (1) \\ b = a\cos C + c\cos A & (2) \\ a = b\cos C + c\cos B & (3) \end{cases}$$

Pour éliminer c dans ce dernier système portons la valeur (1) dans l'équation (2) et dans l'équation (3), nous aurons :

$b = a\cos C + a\cos A\cos B + b\cos^2 A$	$a = b\cos C + a\cos^2 B + b\cos A\cos B$
$b(1-\cos^2 A) = a(\cos C + \cos A\cos B)$	$a(1-\cos^2 B) = b(\cos C + \cos A\cos B)$
$\frac{b}{a}\sin^2 A = \cos C + \cos A\cos B \quad (4)$	$\frac{a}{b}\sin^2 B = \cos C + \cos A\cos B \quad (5)$

Des équations (4) et (5) on tire ensuite

$$\frac{b\sin^2 A}{a} = \frac{a\sin^2 B}{b} \quad \text{ou } b\sin A = a\sin B \quad \text{d'où} \quad \frac{a}{b} = \frac{\sin A}{\sin B}.$$

En éliminant b de la même manière on trouverait $\frac{a}{c} = \frac{\sin A}{\sin C}$

et en éliminant a . . . . $\frac{b}{c} = \frac{\sin B}{\sin C}$.

Puisqu'on retombe sur ~~trois~~ équations à ~~deux~~ inconnues quand on cherche à éliminer deux côtés, le problème est en effet indéterminé. On trouve seulement que le rapport des côtés est égal au rapport des sinus des angles opposés. C'est précisément le théorème qui a été établi au n° 31.

67. — Réciproquement on pourra tirer des équations $\frac{a}{\sin A} = \frac{b}{\sin B} = \frac{c}{\sin C}$ les trois équations $a^2 = b^2 + c^2 - 2bc\cos A$ etc.

En effet avec les équations proposées on a celle-ci : $A + B + C = 180°$

On en tire $\sin C = \sin(A+B)$ ou $\sin C = \sin A\cos B + \sin B\cos A$.

Il s'agit maintenant d'éliminer deux angles B et C par exemple, en les exprimant en fonction des côtés et du 3e angle A.

Or on a

$$\left.\begin{aligned} \frac{\sin B}{b} &= \frac{\sin A}{a} \\ \frac{\sin C}{c} &= \frac{\sin A}{a} \end{aligned}\right\} \text{d'où} \quad \begin{aligned} \sin B &= \frac{b\sin A}{a} \\ \sin C &= \frac{c\sin A}{a} \end{aligned}$$

$$\text{et} \quad \cos B = \sqrt{1 - \frac{b^2\sin^2 A}{a^2}}$$

En remplaçant $\sin B$, $\sin C$ et $\cos B$ par ces valeurs dans l'équation qui donne $\sin C$, on aura :

$$\frac{c\sin A}{a} = \sin A\sqrt{1 - \frac{b^2\sin^2 A}{a^2}} + \frac{b\sin A\cos A}{a}$$

Divisant tous les termes par $\frac{\sin A}{a}$ et transposant, on obtient

$$c - b\cos A = \sqrt{a^2 - b^2\sin^2 A}$$

enfin en élevant les deux membres au carré et réduisant on trouve

$$a^2 = b^2 + c^2 - 2bc\cos A.$$

Remarque. — La relation qui existe entre les 3 côtés et les 3 angles de tout triangle s'exprime donc sous trois formes différentes :

$$1° \quad \frac{a}{\sin A} = \frac{b}{\sin B} = \frac{c}{\sin C}$$

$$2^\circ \quad \begin{cases} a^2 = b^2 + c^2 - 2bc \cos A \\ b^2 = a^2 + c^2 - 2ac \cos B \\ c^2 = a^2 + b^2 - 2ab \cos C \end{cases}$$

$$3^\circ \quad \left\{ \begin{array}{l} a = b \cos C + c \cos B \\ b = a \cos C + c \cos A \\ c = a \cos B + b \cos A \end{array} \right\} \ldots \quad (30)$$

Ce dernier système exprime que chaque côté d'un triangle est égal à la somme des projections des deux autres côtés sur lui.

Chapitre VI.

Construction des tables trigonométriques.

68. — Les tables de Callet contiennent les logarithmes des sinus, cosinus, tangentes et cotangentes des arcs de 10" en 10" de 0° à 90°. Nous allons voir comment on est parvenu à calculer les valeurs de ces lignes.

Remarquons d'abord qu'il suffit d'obtenir les sinus et les cosinus ; car de simples divisions donneront les tangentes et les cotangentes. De plus il suffit de faire ces calculs seulement pour les arcs compris entre 0° et 45° ; car le sinus d'un arc > 45° est égal au cosinus de l'arc complémentaire qui est < 45°.

Commençons par sin 10". D'abord plus un arc est petit, plus est petite la différence qui existe entre cet arc et son sinus. On peut même démontrer que si un arc est infiniment petit, cet arc est rigoureusement égal à son sinus. Cela revient à faire voir que le rapport entre l'arc et son sinus qui est > 1 diminue indéfiniment avec l'arc et qu'il tend vers 1 à mesure que l'arc tend vers 0°.

Fig. 19

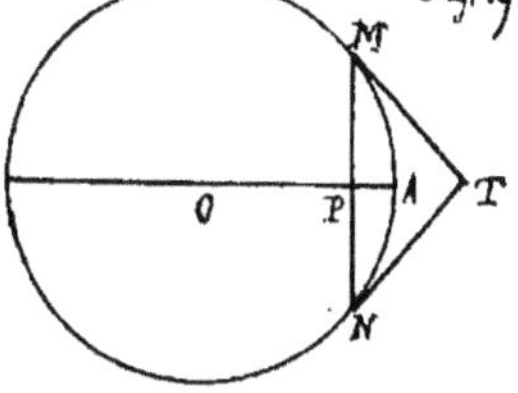

Pour le démontrer prouvons d'abord que l'arc est plus grand que son sinus et plus petit que sa tangente.

En effet l'arc MAN (fig. 19) est plus grand que la corde MPN ; donc AM moitié de l'arc est plus grand que MP moitié de la corde.

De même l'arc MAN est plus petit que la ligne brisée MTN qui l'enveloppe par conséquent MA moitié de l'arc est moindre que MT moitié de la ligne brisée.

Si l'on désigne par a un arc $< 90°$, on a ainsi $a > \sin a$ et $a < \text{Tang}\, a$ ce qu'on indique ainsi $\sin a < a < \frac{\sin a}{\cos a}$.

En divisant tous les termes par $\sin a$ on obtient

$$1 < \frac{a}{\sin a} < \frac{1}{\cos a}$$

Le rapport $\frac{a}{\sin a}$ est donc compris entre la quantité constante 1 et la quantité variable $\frac{1}{\cos a}$ qui est plus grande que 1, mais qui diminue à mesure que l'arc a diminue aussi. Quand cet arc a diminué jusqu'à 0°, $\frac{1}{\cos a}$ a diminué jusqu'à 1 ; donc le rapport $\frac{a}{\sin a}$ étant compris entre 1 et 1 quand l'arc est infiniment petit, est alors égal à 1. En d'autres termes l'arc est égal à son sinus.

D'après cela si l'on calcule la longueur de l'arc de 10" (le rayon étant pris pour unité), on aura une valeur assez approchée de Sin 10".

Or $\quad \text{arc}\, 180° = \pi = 3,14159265358979 3 \ldots\ldots$

$$\text{arc}\ 1° = \frac{\pi}{180} \ ; \quad \text{arc}\ 1' = \frac{\pi}{180 \times 60} \ ; \quad \text{arc}\ 10'' = \frac{\pi}{180 \times 60 \times 6}$$

$$\text{arc}\ 10'' = \frac{\pi}{64800} = 0,00004\ 84813\ 68110 \ldots\ldots$$

$$\text{donc } \sin 10'' = 0,00004\ 84813\ 68110 \ldots \text{ valeur trop forte.}$$

68. Cherchons maintenant quel est le degré d'approximation de cette valeur de Sin 10", c. à d. à quel chiffre décimal doit commencer la différence entre l'arc et son sinus.

Pour cela prenons l'inégalité $a < \frac{\sin a}{\cos a}$ et tâchons d'en tirer une limite supérieure de la différence $a - \sin a$.

Chassant le dén.^r on a $\qquad a \cos a < \sin a$

multipliant par Cos a . . . . $\qquad a \cos^2 a < \sin a \cos$

ou . . . . . . $\qquad a\,(1 - \sin^2 a) < \sin a \cos a$

multipliant les deux membres par 2 parce qu'alors le 2e membre $2 \sin a \cos a$ est égal à $\sin 2a$ on a

$$2a - 2a\sin^2 a < \sin 2a$$

ou $$2a - \sin 2a < 2a\sin^2 a$$

et en remplaçant dans le 2e membre $\sin a$ par l'arc a qui est plus grand on a à plus forte raison $2a - \sin 2a < 2a \times a^2$

et en désignant pour plus de simplicité par b l'arc $2a$ on obtient

$b - \sin b < b \times \frac{b^2}{4}$ ou $b - \sin b < \frac{b^3}{4}$.

Donc la différence entre un arc et son sinus est moindre que le quart du cube de l'arc.

Or l'arc de 10" est $< 0{,}00005$

Le cube de cet arc est $< 0{,}00000\ 00000\ 00125$

le quart du cube est $< 0{,}00000\ 00000\ 00032$

c'est-à-dire moindre que 1 unité du 13e ordre décimal ; la différence entre l'arc et le sinus ne commence donc qu'au delà du 13e chiffre décimal, et on a $\sin 10'' = 0{,}00004/84813\ 681$ à moins de 1 unité du 13e ordre décimal.

69. Pour calculer ensuite Cos 10", on pourrait employer l'égalité $\cos 10'' = \sqrt{1 - \sin^2 10''}$, mais on peut l'obtenir plus facilement de la manière suivante.

L'égalité $\sin \frac{a}{2} = \sqrt{\frac{1 - \cos a}{2}}$ donne $\cos a = 1 - 2\sin^2 \frac{a}{2}$. De plus comme pour un arc très-petit $\sin^2 \frac{a}{2}$ ne diffère pas beaucoup du carré de $\frac{a}{2}$, on aura une valeur très-approchée de Cos 10" en prenant

$$\cos 10'' = 1 - 2\frac{(\text{arc } 10'')^2}{4} = 1 - \frac{(\text{arc } 10'')^2}{2} \quad \ldots (1)$$

Cherchons une limite supérieure de l'erreur que l'on commet ainsi.

On a $\cos a = 1 - 2\sin^2 \frac{a}{2}$ valeur exacte de Cos a

$\cos a = 1 - 2 \cdot \frac{a^2}{4}$ valeur approchée par défaut

En désignant par e la différence entre ces deux valeurs, on a

$$e = 2\left(\frac{a^2}{4} - \sin^2 \frac{a}{2}\right) = 2\left(\frac{a}{2} + \sin \frac{a}{2}\right)\left(\frac{a}{2} - \sin \frac{a}{2}\right).$$

En remplaçant dans le 1er facteur entre parenthèses $\sin \frac{a}{2}$ par $\frac{a}{2}$ on rend le 2e membre plus grand et on a $e < 2a\left(\frac{a}{2} - \sin \frac{a}{2}\right)$.

Or la différence $\frac{a}{2} - \sin \frac{a}{2}$ entre un arc et son sinus est moindre que le quart du cube de l'arc, c.à.d. moindre que $\frac{a^3}{8.4}$; on aura donc à plus forte raison

$$e < 2a \cdot \frac{a^3}{8 \cdot 4} \quad \text{ou} \quad e < \frac{a^4}{16}$$

Donc en prenant pour le cosinus d'un arc l'excès de 1 sur la moitié du carré de cet arc, on commet une erreur moindre que la 16e partie de la 4e puissance de cet arc.

Or $(\text{arc } 10'')^4$ est < 625 unités du 20e ordre décimal

la 16e partie de $(\text{arc } 10'')^4$ est < 1 unité du 18e ordre décimal,

on obtient donc de cette manière Cos 10" avec 18 chiffres décimaux exacts.

Pour effectuer ce calcul on doit d'abord faire le carré de l'arc de 10" de manière que ce carré ait 18 chiffres décimaux exacts. En employant la méthode de la multiplication abrégée on placera le chiffre 0 des unités simples sous le 20e chiffre décimal du multiplicande, et après avoir écrit le multiplicateur à rebours au-dessous d'après la règle, on verra qu'il suffit de connaître les 15 premiers chiffres décimaux.

On obtient ainsi $(\text{arc } 10'')^2 = 0,00000\ 00023\ 50443\ 054$ ... (2)

$$\frac{(\text{arc } 10'')^2}{2} = 0,00000\ 00011\ 75221\ 527$$

$$\text{Cos } 10'' = 1 - \frac{(\text{arc } 10'')^2}{2} = 0,99999\ 999\ 88\ 24778\ 473$$

ou en se bornant aux 13 premières décimales

$$\text{Cos } 10'' = 0,99999\ 99988\ 248$$

70. Pour calculer les sinus et cosinus de 20", de 30"... etc, on pourrait employer les formules

$$\begin{cases} \text{Sin } 20'' = 2 \text{Sin } 10'' \text{Cos } 10'' \\ \text{Cos } 20'' = \text{Cos}^2 10'' - \text{Sin}^2 10'' \end{cases}$$

$$\begin{cases} \text{Sin } 30'' = \text{Sin}(20''+10'') = \text{Sin } 20'' \text{Cos } 10'' + \text{Sin } 10'' \text{Cos } 20'' \\ \text{Cos } 30'' = \text{Cos}(20''+10'') = \text{Cos } 20'' \text{Cos } 10'' - \text{Sin } 20'' \text{Sin } 10'' \end{cases}$$

et ainsi de suite. Mais comme les arcs dont on doit chercher le sinus et le cosinus forment une progression par différence, on suit une marche plus simple qui a été indiquée par Th. Simpson mathématicien anglais du siècle.

Pour obtenir les formules qui portent son nom, additionnons membre à membre les formules (9) du n° 36 qui donnent Sin(a+b) et Sin(a−b) ; faisons la même chose sur les formules qui donnent Cos(a+b) et Cos(a−b), nous aurons les deux égalités suivantes :

$$\sin(a+b) + \sin(a-b) = 2\sin a \cos b$$
$$\cos(a+b) + \cos(a-b) = 2\cos a \cos b$$

Les trois arcs $a+b$, a et $a-b$ forment une progression par différence ayant pour raison b. En écrivant les termes dans l'ordre de ces arcs et remplaçant b par $10''$ on a

$$\left.\begin{array}{l} \sin(a+10'') = \sin a \cdot 2\cos 10'' - \sin(a-10'') \\ \cos(a+10'') = \cos a \cdot 2\cos 10'' - \cos(a-10'') \end{array}\right\} \ldots (31)$$

Telles sont les formules cherchées. On y remplacera successivement a par $10''$, $20''$, $30''$... etc. On doit avoir soin dans tous ces calculs de déterminer le degré d'approximation de chaque résultat, d'après les principes concernant les erreurs absolues ou les erreurs relatives.

71. — On peut encore abréger un peu ces calculs. En effet le facteur constant $2\cos 10''$ ne diffère pas beaucoup de 2. Soit K la différence, on aura d'après les égalités (1) et (2) du n° 69

$$K = 2 - 2\cos 10'' = 0{,}00000\ 00023\ 504$$

d'où $2\cos 10'' = 2 - K$.

Remplaçant $2\cos 10''$ par $2-K$ dans les égalités (31) et transposant les termes on a

$$\left.\begin{array}{l} \sin(a+10'') - \sin a = \sin a - \sin(a-10'') - K\sin a \\ \cos(a+10'') - \cos a = \cos a - \cos(a-10'') - K\cos a \end{array}\right\} (32)$$

Faisant ensuite dans ces formules $a = 10'', 20''$.. etc on a

$$\left\{\begin{array}{l} \sin 20'' - \sin 10'' = \sin 10'' - K\sin 10'' \\ \cos 20'' - \cos 10'' = \cos 10'' - 1 - K\cos 10'' \end{array}\right.$$

$$\left\{\begin{array}{l} \sin 30'' - \sin 20'' = (\sin 20'' - \sin 10'') - K\sin 20'' \\ \cos 30'' - \cos 20'' = (\cos 20'' - \cos 10'') - K\cos 20'' \quad \text{etc.} \end{array}\right.$$

D'après cela pour avoir $\sin 20''$, on retranche de $\sin 10''$ le produit $K\sin 10''$ ce qui donne la différence entre $\sin 20''$ et $\sin 10''$, et on augmente cette différence de $\sin 10''$.

Pour avoir $\sin 30''$ on retranche de la différence $\sin 20'' - \sin 10''$ déjà connue par le calcul précédent le produit $K\sin 20''$, ce qui donne la différence entre $\sin 30''$ et $\sin 20''$, et on augmente cette différence de $\sin 20''$, etc.

Avant de commencer tous ces calculs on forme un tableau contenant les produits de K par les neuf chiffres. Cela permet d'obtenir plus rapidement les produits de K par Sin 10", Sin 20", etc.

On fera la même chose pour le calcul des Cosinus.

72. — Dans des calculs si nombreux les erreurs sont faciles; il était donc nécessaire d'avoir des moyens de vérification. Pour cela on détermina d'abord d'une manière directe les Sinus et Cosinus d'un certain nombre d'arcs dont le calcul est facile et peut donner les valeurs de ces lignes avec un aussi grand degré d'approximation qu'on veut. On compare aux valeurs ainsi obtenues celles qu'on trouve par les formules de Simpson.

On déterminera par exemple les Sinus et Cosinus des arcs de 9° en 9°. D'abord Sin. 18° est égale à la moitié de la corde qui soutend l'arc de 36°; or cette corde n'est autre chose que le côté du décagone régulier inscrit dont la longueur est $\frac{r}{2}(\sqrt{5}-1)$, r étant le rayon de la circonférence.

On a donc $\operatorname{Sin} 18° = \frac{1}{4}(\sqrt{5}-1)$

$$\operatorname{Cos.} 18° = \sqrt{1-\operatorname{Sin}^2 18°} = \frac{1}{4}\sqrt{10+2\sqrt{5}}$$

Avec les formules (10) du n° 37 on obtient

$$\operatorname{Sin} 36° = \frac{1}{4}\sqrt{10-2\sqrt{5}}$$

$$\operatorname{Cos} 36° = \frac{1}{4}(\sqrt{5}+1)$$

Avec les formules (29) du n° 59 on a

$$\operatorname{Sin} 9° = \frac{1}{4}\sqrt{3+\sqrt{5}} - \frac{1}{4}\sqrt{5-\sqrt{5}}$$

$$\operatorname{Cos} 9° = \frac{1}{4}\sqrt{3+\sqrt{5}} + \frac{1}{4}\sqrt{5-\sqrt{5}}$$

Comme Sin 54° est égal à Cos 36°, et que 27° est la moitié de 54°, on aura par les mêmes formules $\operatorname{Sin} 27° = \frac{1}{4}\sqrt{5+\sqrt{5}} - \frac{1}{4}\sqrt{3-\sqrt{5}}$

$$\operatorname{Cos} 27° = \frac{1}{4}\sqrt{5+\sqrt{5}} + \frac{1}{4}\sqrt{3+\sqrt{5}}$$

On a déjà $\operatorname{Sin} 45° = \operatorname{Cos} 45° = \frac{1}{2}\sqrt{2}$.

Il ne reste plus qu'à effectuer les opérations indiquées. Les valeurs des lignes trigonométriques étant ainsi connues, on a dû chercher ensuite leurs logarithmes.

Telle est la marche qu'on a d'abord suivie. On a découvert ensuite des méthodes plus expéditives; mais elles sont basées sur des principes qui sont en dehors des mathématiques élémentaires.

73. Remarques sur l'emploi des tables de Callet.

1° On a dit (n° 28) qu'un angle est déterminé plus exactement par sa tangente que par son sinus.

En effet soit D la différence qui existe entre les logarithmes des sinus de deux angles a et b qui diffèrent entre eux de 10''.

Si log. sin a augmentait de D

l'angle a augmenterait de 10'' et deviendrait égal à b.

Si log. sin a augmente seulement de 1,

l'angle a augmente de . . . $\frac{10''}{D}$.

Donc si le log. sin. obtenu est affecté d'une erreur moindre que 1 unité du 7e ordre décimal, l'erreur commise sur l'angle ainsi obtenu est moindre que $\frac{10''}{D}$. Or la différence D va en diminuant pour le sinus à mesure que l'angle augmente. A partir de 88° cette différence étant < 10, on ne pourra pas dire que l'erreur de l'angle est $< 1''$. Il en sera de même quand on déterminera un angle voisin de 1° au moyen du cosinus.

La différence des Log. Tang. va en diminuant aussi, mais seulement jusqu'à 45°; au delà elle augmente jusqu'à 90° en reprenant les mêmes valeurs qu'auparavant. Or la différence minimum inscrite dans les tables est 421; donc l'erreur commise sur l'angle quand on emploie la tangente ou la cotangente est toujours moindre que $\frac{10''}{421}$ ou moindre que 0'',03. C'est pour cette raison que dans le calcul de l'angle on va jusqu'au chiffre des centièmes de seconde, quoique ce chiffre puisse être affecté d'une erreur égale à 2.

Avec les petites tables à 5 décimales, l'erreur commise sur l'angle serait $< 3''$, quand on se sert de la tangente.

2° — Il est facile de comprendre pourquoi les différences tabulaires sont communes aux tangentes et aux cotangentes. En effet soient a et b deux angles; on a

$$\text{Tang}\, a = \frac{1}{\text{Cotg}\, a} \quad \text{d'où} \quad \text{Log. Tang}\, a = 0 - \text{Log. Cotg}\, a$$

$$\text{Tang}\, b = \frac{1}{\text{Cotg}\, b} \quad\quad \text{Log. Tang}\, b = 0 - \text{Log. Cotg}\, b$$

et en retranchant membre à membre

$$\text{Log. Tang } a - \text{Log. Tang } b = \text{Log Cotg } b - \text{Log Cotg } a.$$

3° Les tables ne contiennent pas les unités de secondes. Pour connaître ce qu'il faut ajouter au logarithme pris dans la table pour les unités de secondes que contient l'angle, on admet que l'augmentation à faire au logarithme est proportionnelle à l'accroissement de l'angle de la table, c. à d. au nombre d'unités de secondes de l'angle proposé. Cette proportionnalité n'est qu'approchée ; mais l'erreur qu'elle produit est moindre que 1 unité du 7e ordre décimal du logarithme, lorsque les différences inscrites dans la table ne varient pas trop considérablement. Cette erreur est négligeable pour le sinus quand l'angle est 75° ; pour le cosinus quand l'angle est < 85° ; pour la tangente et la cotangente quand l'angle est compris entre 5° et 85°.
Pour les autres angles on doit se servir des tables qui sont au commencement et qui contiennent les log. Sin. et les log. Tang. de seconde en seconde jusqu'à 5°, et par là même les log. Cos et les log. Cotg depuis 85° jusqu'à 90°.

Si un angle < 5° est accompagné d'une fraction de seconde, on ne peut pas obtenir par la méthode ordinaire l'augmentation à faire au logarithme pris dans la table et correspondant au nombre entier de degrés de minutes et de secondes ; le résultat serait très-inexact. C'est pour cette raison que les différences ne sont pas inscrites dans cette partie des tables. Voici comment on opère dans ce cas.

Soit à chercher par exemple Log. Sin 1° 3' 24'',65.
On trouve d'abord Log Sin 1° 3' 24'' = $\bar{2}$,2657908
On réduit ensuite l'angle en secondes, ce qui donne 3804'',65. Comme cet angle est très-petit, on peut admettre que les sinus de 3804,65 et de 3804'' sont proportionnels à ces arcs et qu'on a ainsi.

$$\frac{\text{Sin } 3804'',65}{\text{Sin } 3804''} = \frac{3804,65}{3804}$$

d'où Log. Sin 3804'',65 = Log Sin 3804'' + Log. 3804,65 − Log. 3804.

On a déjà $\quad \text{Log. Sin } 3804'' = \bar{2},2657908$

on a de plus $\text{Log. } 3804,65 - \text{Log } 3804 = \ldots \quad 57$

donc on a $\quad \text{Log Sin } 1°3'24'',65 = \bar{2},2657965$

On ferait la même chose pour le Log. Tang.

4° Lorsqu'en cherchant l'angle correspondant à un sinus ou à une tangente, on reconnaît que l'angle est $< 5°$, il faut de préférence chercher les secondes dans la table qui contient les arcs de seconde en seconde. En faisant usage de la table ordinaire, on pourrait commettre une erreur de plusieurs secondes.

Soit par exemple $\text{Log Sin } x = \bar{2},1478563$

par la table ordinaire on trouve $x = 0°\,48'\,9''$

par la table des secondes . . . $x = 0°\,48'\,19''$.

Si l'on tenait à connaître les dixièmes de seconde, on pourrait y parvenir d'après ce qui vient d'être ~~dit~~ précédemment pour le problème inverse (3°).

Fin.

www.ingramcontent.com/pod-product-compliance
Lightning Source LLC
Chambersburg PA
CBHW050606210326
41521CB00008B/1139
* 9 7 8 2 0 1 1 3 4 5 9 4 3 *